Klett

10-Minuten-Training

Mathematik

Lineare und quadratische Gleichungen lösen

7./8. Klasse

Kleine Lernportionen für jeden Tag

Heike Homrighausen

Klett Lerntraining

Bibliografische Information der Deutschen Nationalbibliothek
Die Deutsche Nationalbibliothek verzeichnet diese Publikation in der Deutschen Nationalbibliografie; detaillierte bibliografische Daten sind im Internet über http://dnb.dnb.de abrufbar.

2. Auflage 2021

www.klett-lerntraining.de; kundenservice@klett-lerntraining.de

Umschlagfotos: www.thomas-weccard.de; Getty Images, München (Spauln)
Satz und grafische Zeichnungen: DTP-studio Andrea Eckhardt, Göppingen
Illustrationen: S. 10, 45, 46: Thinkstock (dedMazay), München
Druck: Plump Druck & Medien GmbH, Rheinbreitbach
Printed in Germany
ISBN 978-3-12-927515-3

Inhaltsverzeichnis

Vorwort

Hallo!

Wie ist das bei dir? Du musst Gleichungen lösen und weißt einfach nicht wie? Und du weißt gar nicht, wie du das üben sollst?

Keine Sorge: Du kannst das Aufstellen und Lösen von linearen und quadratischen Gleichungen in diesem Heft super üben!

Unser Tipp: Lerne nicht alles an einem Tag. Übe lieber jeden Tag **10 Minuten**! Das geht superschnell und du übst trotzdem intensiver als sonst.

1 In diesem Heft findest du viele Übungen, mit denen du den Umgang mit linearen und quadratischen Gleichungen trainieren kannst.

Die kleine Stoppuhr erinnert dich daran: besser kleine Lernportionen!

Tipp Hier bekommst du wichtige Tipps zu den Übungen.

★☆ Leichtere Übungen haben einen Stern ★☆ und etwas schwerere Übungen haben zwei Sterne ★★. Beginne am besten mit den leichteren!

Hinten im Buch findest du die Lösungen zu den Übungen.

Wir wünschen dir viel Erfolg!

Deine Klett Lerntraining Redaktion

1 Gleichungen

Einfache Gleichungen lösen

Tipp

Was sind Variablen?

Eine Variable ist ein anderer Begriff für eine veränderliche Größe in einem Term, also für einen Platzhalter oder eine Leerstelle.
Variablen sind Buchstaben oder andere Symbole, die stellvertretend für Zahlen stehen.
Ein Term (Rechenausdruck) kann aus Zahlen und Variablen bestehen.
Kommt in einem Term nur eine Variable vor, benutzt man in der Mathematik meist den Buchstaben x, da x für eine x-beliebige Zahl steht.

*lat. variabilis = veränderlich
Deshalb nennt man eine Variable auch „Veränderliche".*

Was ist eine Gleichung?

Eine Gleichung ist ein mathematischer Ausdruck, bei dem auf beiden Seiten des Gleichheitszeichens = der gleiche Wert steht, oder kurz:
linke Seite = rechte Seite.
Anschaulich kannst du dir eine Gleichung als Waage vorstellen, die im Gleichgewicht ist.

mathematisch
Beim Rechnen benutzt du automatisch Gleichungen, z. B. $3 + 2 = 5$.

anschaulich
Wenn du auf die linke Seite $3 + 2$ legst, musst du rechts 5 auflegen, damit die Waage im Gleichgewicht ist.

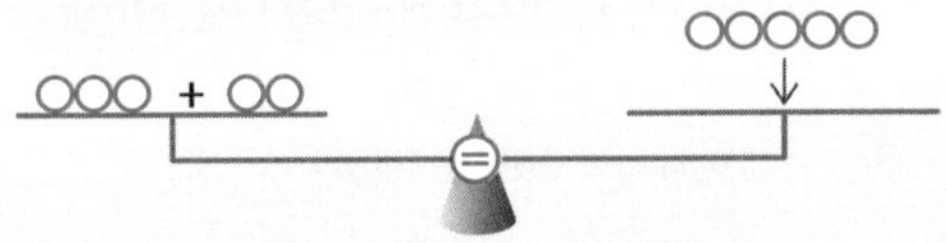

So löst du Gleichungen

Eine Gleichung lösen heißt, alle Zahlen zu finden, für die die Gleichung eine wahre Aussage enthält. Du kannst jederzeit versuchen, eine Gleichung durch Probieren zu lösen. Geschickter und meist schneller geht es jedoch, wenn du rückwärts rechnest.

*Rückwärts rechnen:
aus + wird –
und umgekehrt,
aus · wird :
und umgekehrt.*

Tipp

Beispiele:

a) Überprüfe, ob 2 eine Lösung der Gleichung $3x + 4 = 10$ ist.
Lösung:
Setze anstelle der Variablen x die Zahl 2 ein und berechne den Rechenausdruck mit der Variablen. Vergleiche anschließend mit der anderen Seite der Gleichung.
Rechnung: $3 \cdot 2 + 4 = 6 + 4 = 10$ ✓
Also ist 2 eine Lösung der Gleichung $3x + 4 = 10$.

b) Löse die Gleichung $5x - 2 = 13$.
Lösung:
Umkehrrechnung: $5x = 13 + 2$
$5x = 15$
$x = 15 : 5$, also $x = 3$.
Einsetzen: $5 \cdot 3 = 13 + 2$
$15 = 15$ ✓

Tipp: $5x = 5 \cdot x$

1 ★☆ **Überprüfe durch Einsetzen, ob die jeweils angegebene Zahl Lösung der Gleichung ist.**

a) $37 + x = 65$; $x = 38$
b) $y - 132 = 346$; $y = 483$
c) $25 \cdot x = 175$; $x = 7$
d) $a \cdot 17 = 134$; $a = 8$
e) $4u + 12 = 52$; $u = 9$
f) $6v - 4 = 5v$; $v = 4$

2 ★☆ **Löse die Gleichungen. Du kannst probieren oder systematisch durch Umkehrrechnungen vorgehen.**

a) $24x = 576$
b) $272 = 17x$
c) $9x + 21 = 102$
d) $30 + 12x = 90$
e) $8x - 34 = 22$
f) $65 - 7x = 2$
g) $8x = 3x + 15$
h) $5x - 2 = x$

3 ★☆ **Welche Gleichungen besitzen dieselbe Lösung?**

① $3x - 4 = 14$
② $1{,}5x - 2{,}5 = 5$
③ $0{,}5x - 1 = 1$
④ $5 - 3{,}5x = -9$
⑤ $33 = 5x + 3$
⑥ $-30 = -5x - 5$

Ein Problem mithilfe von Gleichungen bearbeiten – einfache Gleichungen aufstellen und lösen

Tipp

1. Lege eine Variable für die gesuchte Größe fest.
2. Übersetze die Problemstellung in einen mathematischen Rechenausdruck.
3. Stelle eine Gleichung auf.
4. Löse die Gleichung.
   Das geht am besten durch Umkehrrechnen.
5. Zur Probe solltest du die Lösung in den Term einsetzen.
6. Formuliere einen Antwortsatz.

Zum Einstieg in das Aufstellen und Lösen von Gleichungen findest du hier eine Seite voller Zahlenrätsel zum Üben. Du musst sie nicht unbedingt mit Gleichungen lösen. Die Gleichungen sind **ein** mögliches Hilfsmittel.

4 ★☆ Ich denke mir eine Zahl. Wenn ich sie mit 6 multipliziere und 8 addiere, erhalte ich 80.

5 ★☆ Ich denke mir eine Zahl. Wenn ich vom Achtfachen der Zahl 13 subtrahiere, erhalte ich 59.

6 ★☆ Ich denke mir eine gerade Zahl. Wenn ich die Zahl halbiere und dann 23 addiere, erhalte ich 30.

7 ★★ Ich denke mir eine Zahl. Wenn ich zu dieser Zahl ihren Nachfolger addiere, erhalte ich 21.

8 ★★ Ich denke mir eine Zahl. Wenn ich vom 5-fachen der Zahl 8 subtrahiere, erhalte ich das 3-fache der Zahl.

Die folgenden Aufgaben stammen aus unterschiedlichen Bereichen. Jede Aufgabe kannst du mithilfe einer Gleichung lösen.

9 ★☆ **Eine Taxifahrt kostet 2,40 € Grundtarif und für jeden gefahrenen Kilometer 1,50 €.**

a) Wie teuer wird eine Taxifahrt über 25 km?

b) Herr Sparsam hat noch 30 €. Wie weit kann er mit dem Taxi fahren?

10 ★☆ **Eric hat 8 m Zaun und möchte für seine Meerschweinchen ein rechteckiges Freiluftgehege bauen. Eine Seite soll 1 m lang sein.**

a) Wie lang ist die andere Seite des Geheges?

b) Eric möchte seinen Meerschweinchen bei gleicher Zaunlänge noch mehr Platz geben. Welche Seitenlängen soll er wählen?

11 ★☆ Elisa und Lukas sind zusammen 26 Jahre alt. Elisa ist zwei Jahre älter als Lukas. Wie alt sind Elisa und Lukas?

12 ★☆ Jonas verteilt 62 Gummibärchen. Jasmin erhält doppelt so viele wie Max und Linda sechs weniger als Max.

13 ★☆ Marina erzählt ihrer Freundin von der Klassensprecherwahl. „Es waren alle 31 Schüler da. Am Schluss hatte Felix acht Stimmen mehr als Anna und Anna bekam zwei Stimmen weniger als Julia."

Wie viele Stimmen bekam jeder?

Tipp

Wähle x für die Anzahl der Stimmen für Felix.

Tipp

Was ist in der Mathematik ein Muster?

In der Mathematik hat ein Muster immer einen Anfang, also eine Ausgangssituation. Dieses erste Muster wird dann in mehren Schritten immer nach dem gleichen Verfahren fortgesetzt.
Ziel ist es nun, solche Muster z.B. aus Streichhölzchen, Perlen oder Plättchen, mit Termen und Gleichungen so zu beschreiben und zu verstehen, dass man sofort mithilfe des Terms einen beliebigen Schritt beschreiben kann, ohne dass man diesen Schritt extra darstellen muss.

Mithilfe einer Gleichung kann man ausrechnen, aus wie vielen Schritten ein Muster besteht.

14 ★☆

a) Berechne, aus wie vielen Schritten das Muster mit 57 Streichhölzchen besteht.

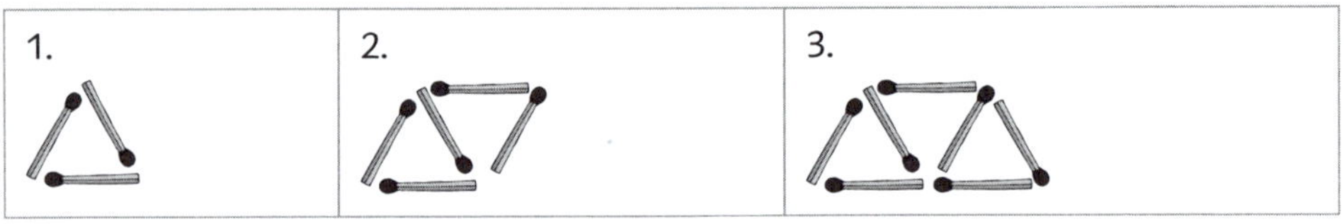

b) Berechne, aus wie vielen Schritten das Muster mit 72 Streichhölzchen besteht.

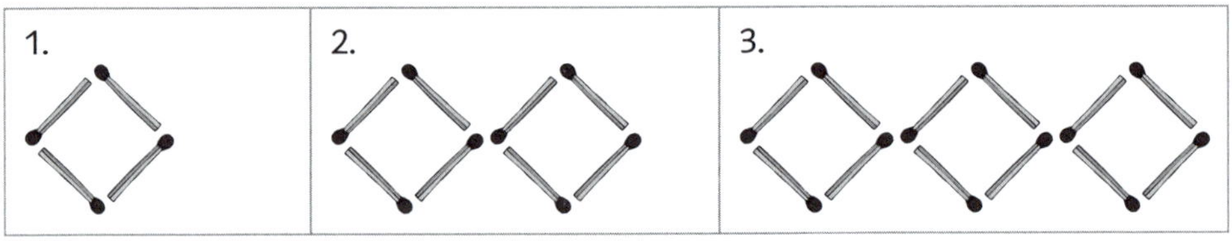

c) Berechne, aus wie vielen Schritten das Muster mit 96 Streichhölzchen besteht.

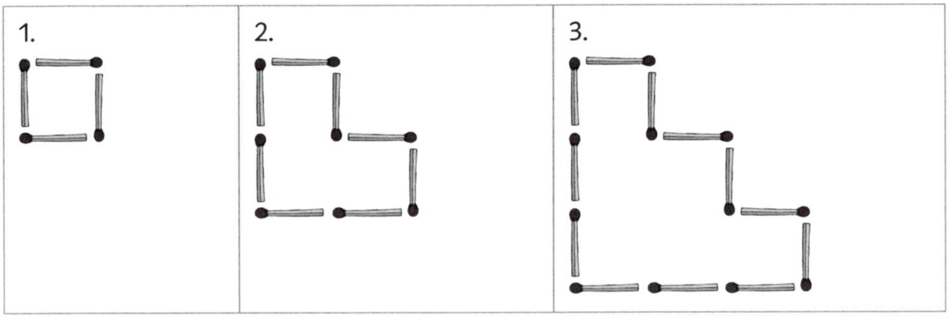

15 ★☆

a) Berechne, aus wie vielen Reihen das Muster mit 40 Plättchen besteht.

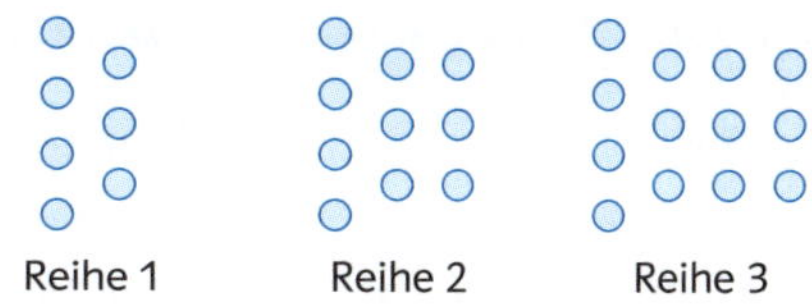

b) Berechne, aus wie vielen Reihen das Muster mit 23 Plättchen besteht.

c) Berechne, aus wie vielen Reihen das Muster mit 57 Plättchen besteht.

16 ★★

a) Berechne, aus wie vielen Schritten das Muster mit 64 Plättchen besteht.

b) Berechne, aus wie vielen Schritten das Muster mit 102 Plättchen besteht.

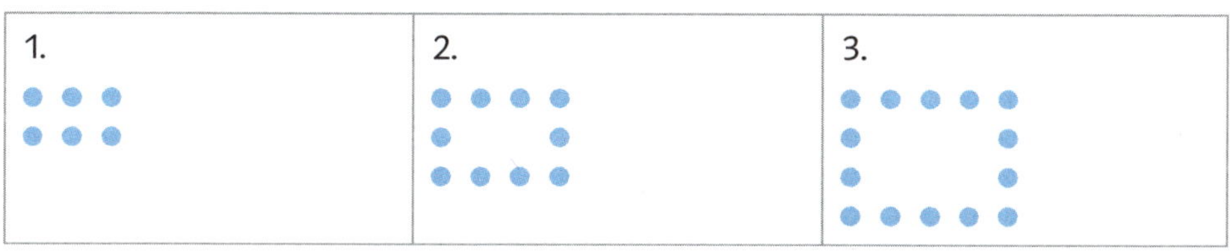

c) Berechne, aus wie vielen Schritten das Muster mit 100 Plättchen besteht.

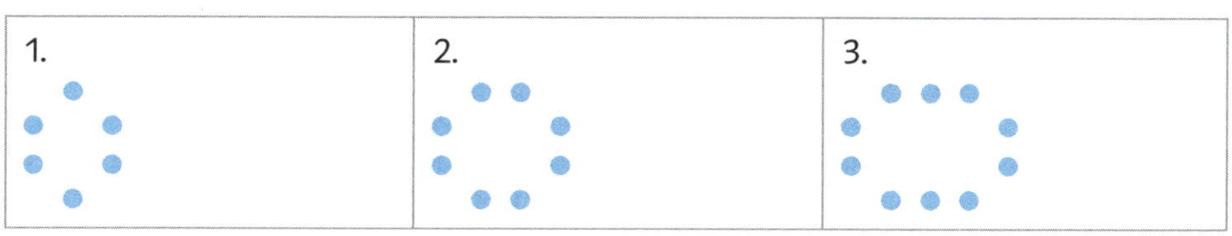

17 ★☆ **Plättchenschuppenfische haben als Schuppen kleine Plättchen.**

a) Schreibe einen Term zur Berechnung der Anzahl der Plättchen für eine x-beliebige Fischgröße auf.

b) Welcher Fisch besteht aus 43 Schuppen?

1. Fisch

2. Fisch

3. Fisch

18 ★☆ **Auch Kugelplättchenschuppenfische haben als Schuppen kleine Plättchen.**

a) Schreibe einen Term zur Berechnung der Anzahl der Plättchen für eine x-beliebige Fischgröße auf.

b) Welcher Fisch hat 65 Schuppen?

> **Tipp**
> **Achtung** – die Gleichung kannst du im letzten Schritt nur „durch scharfes Hinschauen" lösen.

1. Fisch

2. Fisch

3. Fisch

2 Lineare Gleichungen

Lineare Gleichungen rechnerisch lösen

Tipp

Eine lineare Gleichung ist eine Gleichung, in der die Variable (oft x) nur als erste Potenz (d.h. x) und nicht in einer höheren Potenz (z.B. x^2) vorkommt.

Lösen der Gleichung bedeutet dann, herauszufinden, wie groß x ist.
Dazu formst du die Gleichung auf beiden Seiten so um, dass irgendwann x allein auf einer Seite steht. Diese Schritte schreibt man immer rechts neben die Gleichung hinter einen Strich (I).

Umformungen, die die Gleichung nicht verändern, nennt man Äquivalenzumformungen. Alle Umformungen sind Umkehrrechnungen.
Folgende Umformungen sind erlaubt:

- Addition / Subtraktion einer Zahl, wenn davor ein ⊕ oder ⊖ steht.
- Addition / Subtraktion einer Variablen, wenn davor ein ⊕ oder ⊖ steht.

Da du Umkehrrechnungen durchführen musst, gilt:
Steht ein ⊕ vor der Zahl / dem Term, musst du ⊖ rechnen, steht ein ⊖ vor der Zahl / dem Term, musst du ⊕ rechnen.

- Multiplikation / Division einer Zahl, die vor dem x steht.
  Beachte: Du musst alle Teile der Gleichung multiplizieren / dividieren.

Dividiere durch die Zahl / Multipliziere mit der Zahl (mit ihrem Vorzeichen), die vor der Variablen steht.

Beispiele:
Löse die Gleichungen.

a)
$$3x - 5 = 10 \quad | +5$$
$$3x = 10 + 5$$
$$3x = 15 \quad | :3$$
$$x = 15 : 3 = 5$$
$$L = \{5\}$$

b)
$$-4x - 3 = 5 \quad | +3$$
$$-4x = 5 + 3$$
$$-4x = 8 \quad | :(-4)$$
$$x = -2$$
$$L = \{-2\}$$

2 Lineare Gleichungen

1 ★☆ **Löse die Gleichungen.**

a) $x - 5 = 25$

b) $x - 3 = 3$

c) $x - 9 = 0$

d) $x - 12 = -13$

e) $3x - 4 = 11$

f) $2x - 5 = -15$

g) $7x - 5 = -26$

h) $25 - 6x = 1$

i) $-8 - 5x = -13$

2 ★☆ **Löse die Gleichungen.**

a) $3x + 7 = 8x + 2$

b) $7x + 5 = 2x + 20$

c) $4x + 3 = 2x - 5$

d) $6x + 1 = 2 - 3x$

e) $7x - 2 = 1 - 3x$

f) $5 - x = 2x - 7$

g) $2 + 8x = 5 - x$

h) $1 - 10x = 6 - 5x$

i) $4 - 5x = 4 + 7x$

Tipp

Das Lösen von Gleichungen mit Brüchen geht genauso wie das Lösen von Gleichungen ohne Brüche, aber du musst für das Umformen der Gleichung das Rechnen mit Brüchen beherrschen.
Als besondere Schreibweise kann die Variable im Zähler eines Bruches stehen.

Dabei gilt:
Steht im Zähler eines Bruches ein Produkt und im Nenner eine Zahl, so darfst du den Bruch als Produkt von einem Bruch und einer Variablen schreiben,

kurz: $\frac{ax}{b} = \frac{a}{b}x$.

Beispiele: $\frac{x}{2} = \frac{1 \cdot x}{2} = \frac{1}{2}x$

$\frac{2x}{3} = \frac{2}{3}x$

Beachte: Der Malpunkt zwischen einer Zahl und der Variablen wird meist weggelassen. 2x bedeutet 2 · x.

3 ★☆ **Löse die Gleichungen.**

a) $\frac{x}{3} + 1 = 5$

b) $\frac{1}{2}x - 1 = -8$

c) $6 + \frac{x}{3} = 10$

d) $\frac{4}{5}x - 1 = 0$

e) $\frac{2}{3}x + 8 = 10$

f) $\frac{1}{3}x - \frac{1}{2} = \frac{4}{3}$

4 ★☆ **Löse die Gleichungen.**

a) $\frac{3}{4} + \frac{1}{6}x = \frac{1}{2} + \frac{5}{6}x$

b) $\frac{1}{3}x - \frac{1}{2} = -\frac{1}{3}x + \frac{1}{6}$

c) $\frac{1}{2} + \frac{1}{3}x = -\frac{1}{2} + x$

d) $\frac{3}{2}x - 1 = x + \frac{1}{2}$

e) $\frac{1}{3}x + \frac{1}{2} = -\frac{2}{5} + \frac{4}{3}x$

f) $\frac{3}{2} + \frac{1}{6}x = -\frac{1}{6}x + \frac{1}{4}$

Tipp

Bei jeder Gleichung stehen auf der linken Seite und auf der rechten Seite jeweils Terme, die durch das Gleichheitszeichen verbunden sind, also ist eine Gleichung kurz gesagt Term 1 = Term 2.

Du musst folgende Termumformungen beherrschen:
- Ausmultiplizieren
- Minusklammern auflösen
- binomische Formeln
- Zusammenfassen gleichartiger Teile

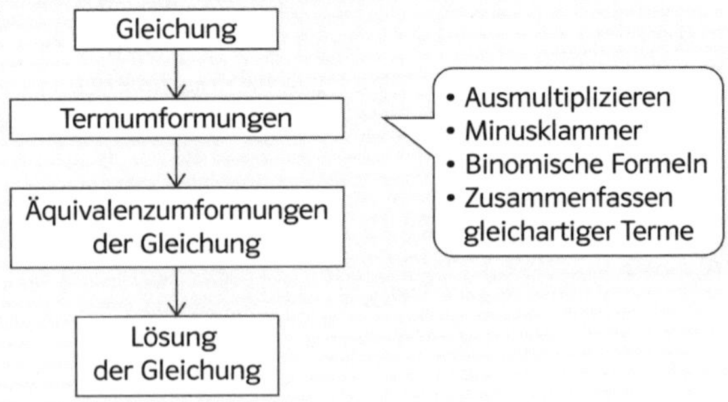

Beispiel:

1. Zusammenfassen
Fasse auf jeder Seite extra erst die Zahlen und dann die Variablen zusammen.

$8x + 5 - 2x - 3 = 8 - 2x - 2 + 6x$ | sortieren

$8x - 2x + 5 - 3 = 6x - 2x + 8 - 2$ | zusammenfassen

2. Umformen durch Addition / Subtraktion
Forme die Gleichung durch Addition / Subtraktion der Zahl oder Variablen auf beiden Seiten so um, dass die Variable auf einer Seite alleine steht und auf der anderen Seite eine Zahl.

$6x + 2 = 4x + 6$ | −2

$6x = 4x + 6 - 2$

$6x = 4x + 4$ | −4x

$6x - 4x = 4$

$2x = 4$ | : 2

3. Umformen durch Division
Dividiere beide Seiten durch die Zahl, die vor der Variablen steht.

$x = 4 : 2$

$x = 2$

also $L = \{2\}$

5 ★★ **Löse die Gleichungen.**

a) $3x + 3 - 2 + 4x = 15 + 5x - 2 - x$

b) $-4x + 3x - 7 + 9 - x = 8 + 9x + 4 - 16x$

c) $7x - 4 - 9x + 2 = -10 + 4x + 2$

d) $9x + 4 - 2 - 8x = 6x - 2 - 6x + 14$

e) $5 - x + 10 - x = 20 + 2x - 5 - 2x$

f) $17x - 21 - 7x - 9 = -2x - 15 + 4x - 7$

6 ★☆ **Löse die Gleichungen.**

a) $2(x + 1) = 10$

b) $3(x + 4) = 27$

c) $4(x - 2) = 8$

d) $2(3x - 1) = 10$

e) $18 = 2(2x + 3)$

f) $5(1 + 2x) = 10$

7 ★☆ **Löse die Gleichungen.**

a) $9 - (x + 6) = 2$

b) $4x - (2x + 9) = 3$

c) $3x + 11 - (15 - 5x) = 5 - x$

d) $6x - 2(3x - 1) = 4x$

e) $3(1 - x) - (3 + x) = 0$

f) $9 - 3(2x + 1) = -6$

8 ★☆ **Löse die Gleichungen.**

a) $3(x + 4) = 2(x + 5)$

b) $7(x + 2) = 4(x + 5)$

c) $4(1{,}5 - 3x) = 9(3 + x)$

d) $7(2x + 1) = 2(5 + 4x)$

e) $4(x + 1) + 2(1 - x) = x$

f) $3x + 2(2x + 1) = 4(3 + x) - 1$

9 ★☆ **Löse die Gleichungen.**

a) $x^2 - (x + 3)(x - 2) = 7$

b) $(x + 5)(x - 2) = x^2 - 1$

c) $(2x - 1)(x + 2) = 2x^2 + 10$

d) $(x + 1)^2 = (x + 1)(x - 1)$

e) $(x - 1)^2 = (x - 3)(x + 3)$

f) $(x + 3)(x + 7) = (x + 2)(x + 9)$

Lineare Gleichungen grafisch lösen

Tipp

Eine Gleichung kann grafisch gelöst werden, indem man jede Seite der Gleichung grafisch in ein Koordinatensystem zeichnet und dann gemeinsame Punkte bestimmt. Bei linearen Gleichungen muss man also zwei Geraden, d.h. die Graphen von zwei linearen Funktionen darstellen.

Tipp:
Oft sieht eine Seite der Gleichung auf den ersten Blick nicht wie der Term einer Geraden aus, dann musst du diese Seite erst so umformen, bis sie in der Gestalt $mx + c$ gegeben ist.

So kannst du Geraden zeichnen:

Möglichkeit 1: Mithilfe von zwei Punkten
Jede Gerade ist durch zwei Punkte eindeutig festgelegt. Bestimme also zwei Punkte, stelle diese Punkte in einem Koordinatensystem dar und zeichne eine Gerade durch beide Punkte.

Möglichkeit 2: Mithilfe der Steigung und des y-Achsenabschnitts

1. Bestimme die Steigung m und den y-Achsenabschnitt c.
   Merke: m ist immer die Zahl (mit Vorzeichen) vor dem x.

   Beispiel: $1{,}5x - 1$
   $m = 1{,}5 = \frac{3}{2}$
   $c = -1$

2. Markiere den Schnittpunkt mit der y-Achse, also $P(0|c)$.
3. Markiere ausgehend von $P(0|c)$ einen weiteren Punkt mithilfe des Steigungsdreiecks.
   a) Gehe dazu ausgehend von P den Zähler von m in y-Richtung (also nach oben oder unten) und den Nenner nach rechts in x-Richtung.
   oder
   b) Gehe ausgehend von P einen Schritt nach rechts und m Schritte in y-Richtung nach oben ($m > 0$) oder nach unten ($m < 0$).

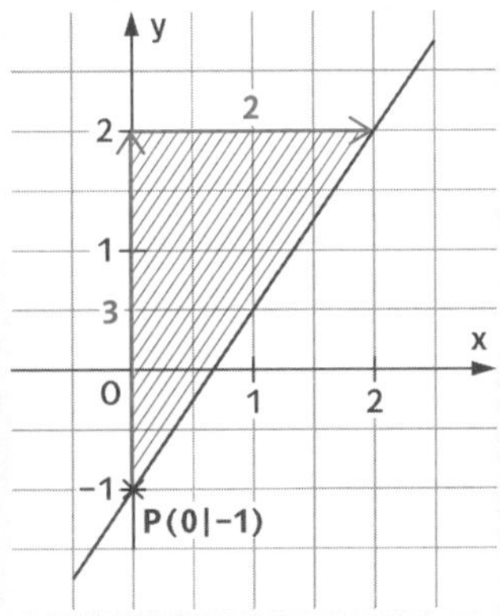

4. Zeichne mit deinem Geodreieck durch beide Punkte eine Gerade.

10 ★☆ **Zeichne die Geraden und gib die zugehörige Geradengleichung an.**

a) $m = 1;\ c = -3$ y = ________

b) $m = 2;\ c = -1$ y = ________

c) $m = 3;\ c = -0{,}5$ y = ________

d) $m = \frac{1}{2};\ c = 2$ y = ________

e) $m = \frac{4}{3};\ c = -2$ y = ________

f) $m = 1{,}5;\ c = -3$ y = ________

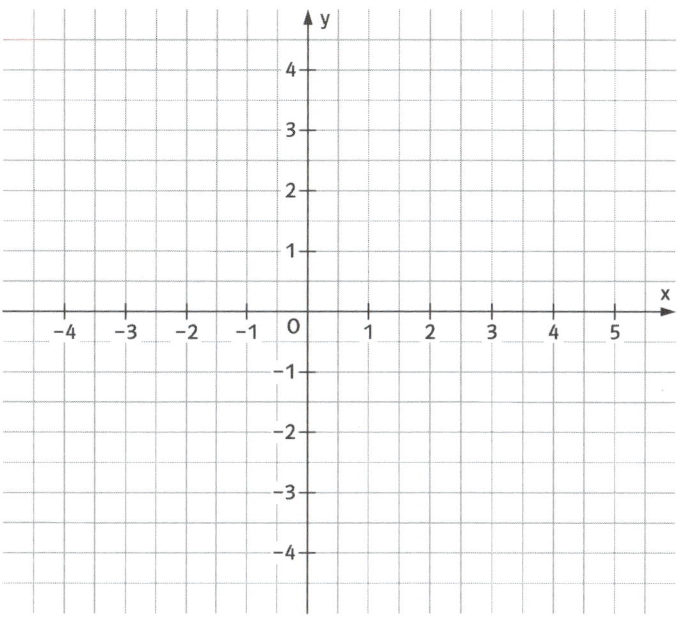

11 ★☆ **Zeichne die Geraden in ein Koordinatensystem.**

Tipp: Bestimme m und c!

a) $y = 2x + 1$

b) $y = -x + 2$

c) $y = \frac{1}{2}x - 1$

d) $y = 3x + 4$

e) $y = -\frac{2}{3}x + 3$

f) $y = -\frac{4}{3}x + 2{,}5$

12 ★★ **Zeichne die Geraden in ein Koordinatensystem.**

a) $y = x$

b) $y = 2$

c) $y = \frac{4}{7}x - \frac{1}{2}$

d) $y = \frac{2}{3}x - 2{,}5$

e) $y = -\frac{1}{6}x + 3$

f) $y = -\frac{3}{2}$

Eigenschaften von linearen Funktionen – einfache lineare Gleichungen lösen

Tipp

Was ist eine Nullstelle?

Algebraisch (rechnerisch):
Die Nullstelle ist eine Eigenschaft einer Funktion. Eine Nullstelle liegt vor, wenn $f(x) = 0$ ist.
Bei einer linearen Funktion erhält man also die zugehörige lineare Gleichung $mx + c = 0$. Löst man diese Gleichung nach x auf, erhält man als Lösung die Nullstelle.
Die Nullstelle ist also ein x-Wert und wird häufig mit x_0 bezeichnet.

Grafisch:
Eine Gerade kann die x-Achse in einem Punkt S schneiden. Diesen Punkt S nennt man auch Schnittpunkt mit der x-Achse.
Für jeden Schnittpunkt S mit der x-Achse gilt $y = 0$.
Der zugehörige x-Wert x_0 wird als Nullstelle bezeichnet.
Der Schnittpunkt mit der x-Achse hat also die Koordinaten $S(x_0 | 0)$.

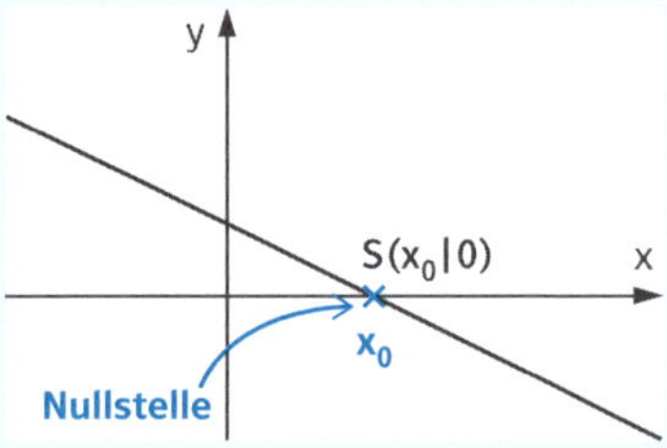

Beachte: Lineare Funktionen mit $f(x) = c$ haben keine Nullstelle; die zugehörige Gerade ist parallel zur x-Achse!

13 ★☆ **Lies die Schnittpunkte mit der x-Achse ab und gib die Nullstellen an.**

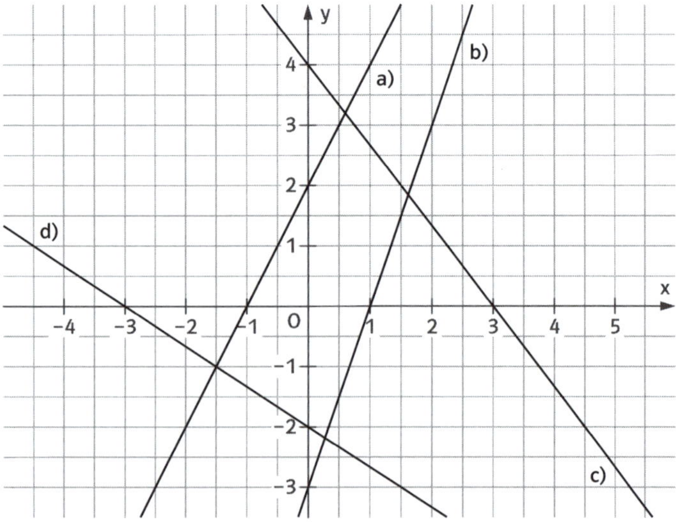

a) S(|); x_0 = ________ b) S(|); x_0 = ________

c) S(|); x_0 = ________ d) S(|); x_0 = ________

14 ★☆ **Zeichne die Geraden in das Koordinatensystem und bestimme die Schnittpunkte mit der x-Achse.**

a) $y = 2x - 4$ b) $y = -x + 3$ c) $y = \frac{1}{2}x + 2$

d) $y = -2x + 1$ e) $y = 4x$

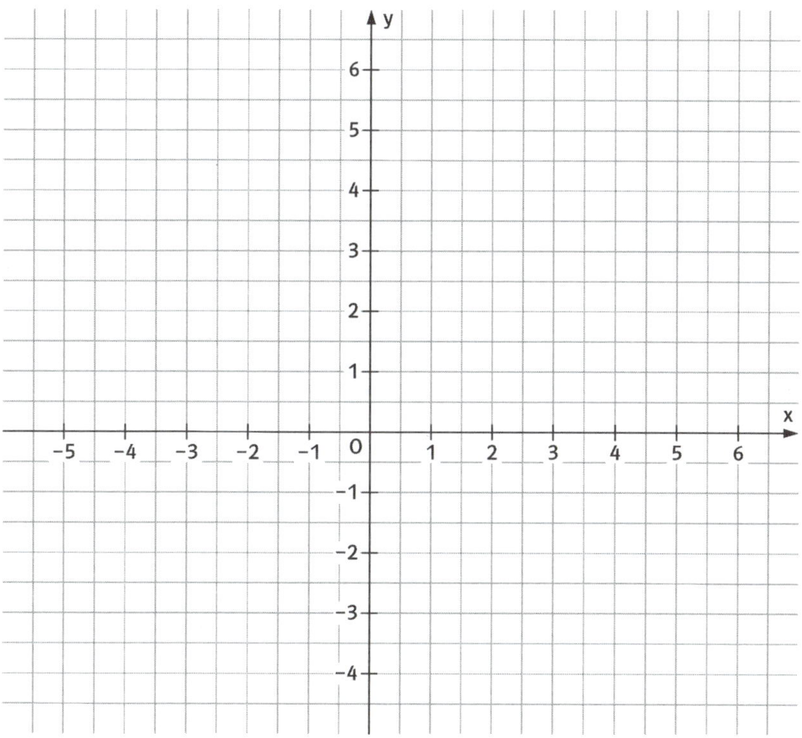

Tipp

So kannst du die Nullstellen einer linearen Funktion rechnerisch bestimmen:

Beispiel:
Bestimme die Nullstelle der linearen Funktion f mit $f(x) = \frac{3}{2}x - 3$.

1. Nullstelle bedeutet $f(x) = 0$. Setze also den Funktionsterm $mx + c = 0$.

$\frac{3}{2}x - 3 = 0$

2. Löse die Gleichung, indem du die Zahl c auf die andere Seite der Gleichung bringst. Nimm dazu das entgegengesetzte Vorzeichen und addiere bzw. subtrahiere.

Vorzeichen umdrehen

$\frac{3}{2}x - 3 = 0 \quad | +3$

$\frac{3}{2}x \quad = 3 \quad | : \frac{3}{2}$

3. Dividiere beide Seiten durch m, also die Zahl vor dem x.

$x = 3 : \frac{3}{2}$

$= 3 \cdot \frac{2}{3}$

$= 2$

Durch einen Bruch kannst du dividieren, indem du die Zahl mit dem Kehrbruch multipliziert. Vertausche dazu einfach Zähler und Nenner.

Kurz zusammengefasst:

Es gilt $x_0 = -\frac{c}{m}$.

Nullstelle: $x_0 = 2$

15 ★☆ **Berechne die Nullstellen.**

a) $f(x) = 3x - 3$

b) $f(x) = -2x - 4$

c) $f(x) = x - \frac{1}{2}$

d) $f(x) = 4x + 12$

e) $f(x) = \frac{1}{2}x + 5$

f) $f(x) = 2x - 1$

16 ★☆ **Berechne die Nullstelle.**

a) $f(x) = \frac{1}{4}x + 2$

b) $f(x) = -\frac{3}{2}x + 6$

c) $f(x) = -\frac{2}{5}x - 1$

d) $f(x) = -0{,}2x + 1$

e) $f(x) = \frac{2}{3}x - 5$

f) $f(x) = -1{,}2x - 6$

17 ★☆ **Berechne die Nullstelle.**

a) $f(x) = \frac{3}{4}x + 1$

b) $f(x) = 5x - 0{,}5$

c) $f(x) = -2x + \frac{3}{2}$

d) $f(x) = -\frac{1}{3}x - \frac{1}{2}$

e) $f(x) = \frac{2}{3}x - \frac{1}{6}$

f) $f(x) = 4$

18 ★★ **Gib die Gleichungen von drei linearen Funktionen an, …**

a) die die Nullstelle $x_0 = 2$ haben.

____________________; ____________________; ____________________

b) deren Graphen die x-Achse im Punkt $S(-4 \mid 0)$ schneiden.

____________________; ____________________; ____________________

c) die die Nullstelle $x_0 = 3$ haben und eine negative Steigung haben.

____________________; ____________________; ____________________

Tipp

Alle Punkte, die den (gleichen) y-Wert d haben, liegen auf der Geraden $y = d$.
Sucht man bei einer linearen Funktion f zu einem gegebenen Funktionswert $f(x) = d$ den zugehörigen x-Wert bzw. die zugehörige Stelle, musst du die Gleichung $mx + c = d$ lösen.

So kannst du zu einem gegebenen Funktionswert den zugehörigen x-Wert bestimmen:

Möglichkeit 1: grafisch durch Ablesen am Graphen

Möglichkeit 2 s. S. 27

1. Zeichne die gegebene Gerade $y = mx + c$.
2. Zeichne die Gerade $y = d$. Das ist die Parallele zur x-Achse, die durch den Punkt $P(0\,|\,d)$ geht.
3. Markiere den Schnittpunkt der beiden Geraden und lies die Koordinaten ab. **Beachte:** $S(x\,|\,y)$ Der x-Wert ist der gesuchte Wert.

So kannst du auch vorgehen, wenn du die fehlende x-Koordinate eines Punktes auf der Geraden bestimmen musst.

Beispiel:
An welcher Stelle nimmt die Funktion f mit $f(x) = 2x - 3$ den Wert 1 an?

zugehörige Gleichung: $2x - 3 = 1$

Gerade $y = 2x - 3$ Gerade $y = 1$

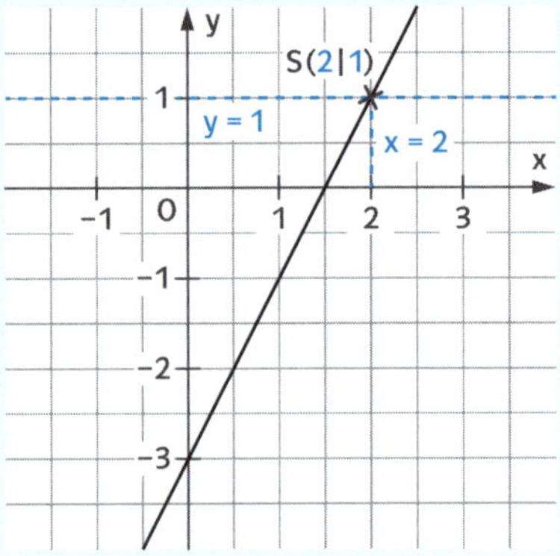

19 ★☆

Ergänze die fehlenden Koordinaten.

a)

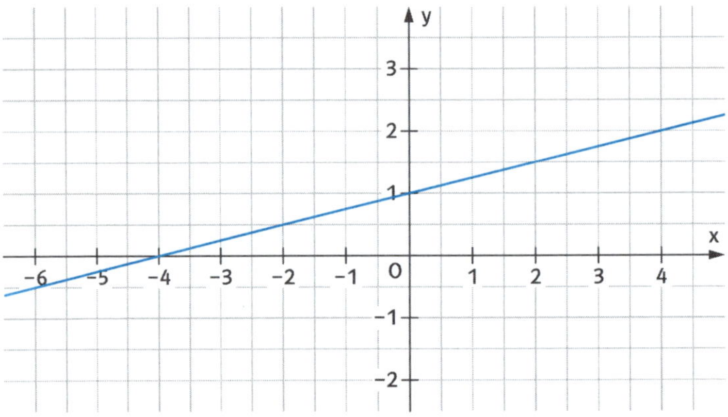

A(| 0)

B(| −0,5)

C(| 2)

b)

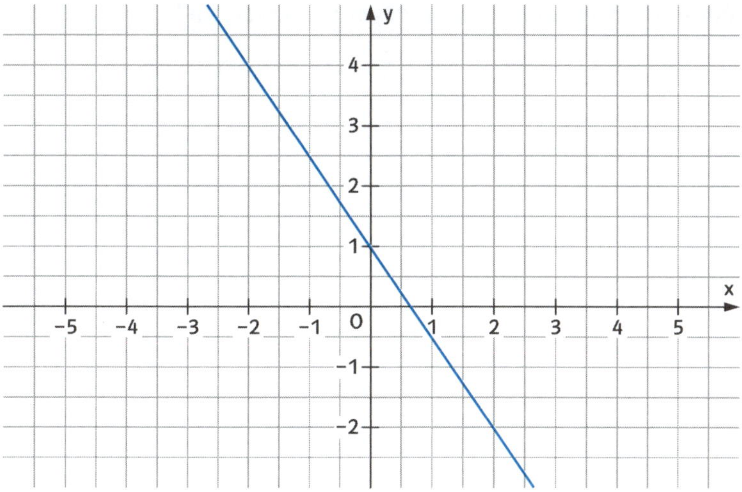

A(|−2)

B(|1)

C(|2,5)

20 ★☆ **Zeichne die Geraden in das Koordinatensystem und bestimme die fehlende Koordinate.**

a) $y = 2x - 4$

P(|4)

b) $y = -x + 3$

P(|4)

c) $y = \frac{1}{2}x + 2$

P(|4)

d) $y = -2x + 1$

P(|4)

e) $y = 4x$

P(|4)

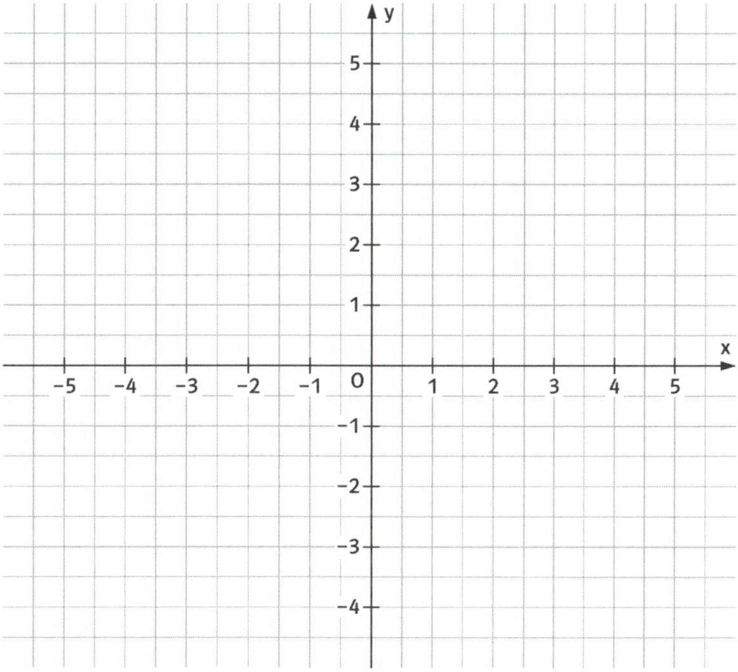

21 ★☆

An welcher Stelle nimmt die Funktion f den angegebenen Wert an? Löse grafisch.

a) $f(x) = 3x - 1;\ f(x) = 2$

b) $f(x) = -2x + 3;\ f(x) = -1$

c) $f(x) = x + 2;\quad f(x) = 0{,}5$

d) $f(x) = -\frac{1}{2}x - 1;\ f(x) = 0{,}5$

e) $f(x) = \frac{2}{3}x + 1;\ f(x) = -2$

f) $f(x) = -x + \frac{1}{2};\quad f(x) = -1{,}5$

22 ★☆

Veranschauliche die Lösung grafisch und berechne.

a) $x + 1 = 4$

b) $3x - 4 = 2$

c) $-\frac{5}{3}x + 4 = -1$

d) $-\frac{5}{2}x + 3 = -2$

e) $-\frac{1}{2}x - 4 = -7$

f) $2x + 2 = 4$

23 ★★

Welche Aufgabe ist hier dargestellt? Schreibe die Aufgabe und gib die Lösung an.

a)

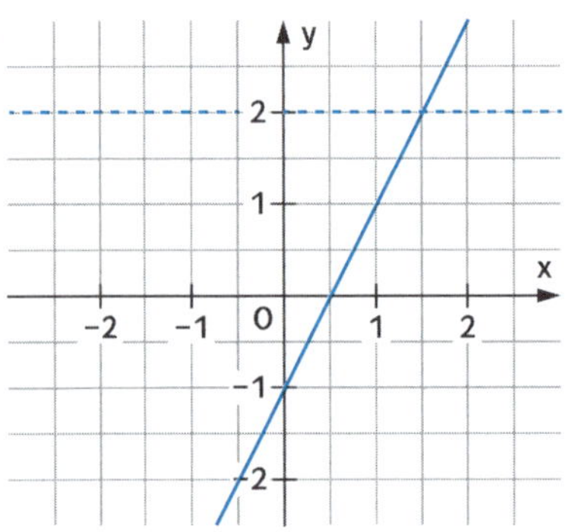

b)

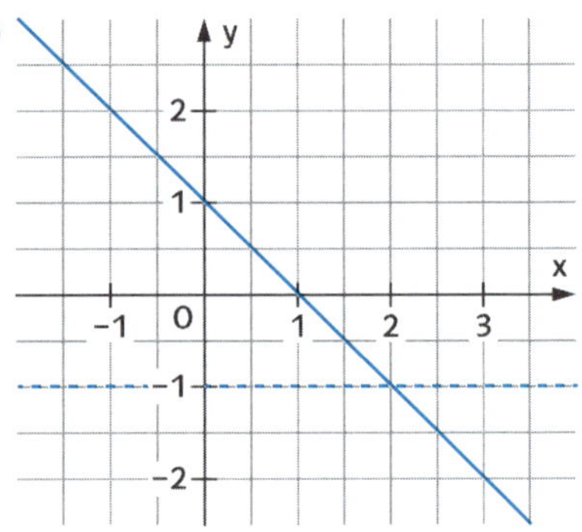

Tipp

So kannst du zu einem gegebenen Funktionswert den zugehörigen x-Wert bestimmen:

Möglichkeit 2:
algebraisch (rechnerisch) durch Lösen der linearen Gleichung $mx + c = d$

Beispiel:
An welcher Stelle nimmt die Funktion f mit $f(x) = 2x - 3$ den Wert 1 an?

1. Setze den Funktionsterm gleich dem gegebenen y-Wert, also $mx + c = d$.

   zugehörige Gleichung:
   $2x - 3 = 1$

2. Löse die Gleichung, indem du die Zahl c auf die andere Seite der Gleichung bringst. Nimm dazu das entgegengesetzte Vorzeichen und addiere bzw. subtrahiere die Zahl zu d.

   $2x - 3 = 1 \quad | +3$
   $2x = 1 + 3$
   $2x = 4 \quad | :2$

3. Dividiere beide Seiten durch m, also die Zahl vor dem x.

   $x = 4 : 2 = 2$

   Kurz zusammengefasst:

   Es gilt $x_0 = \frac{d - c}{m}$.

   An der Stelle $x_0 = 2$ nimmt f den Wert 1 an.

24 ★☆ **An welcher Stelle nimmt die Funktion f den angegebenen Wert an? Löse rechnerisch.**

a) $f(x) = 2x + 3;\ f(x) = 7$

b) $f(x) = -3x + 2;\ f(x) = 8$

c) $f(x) = -x + 3;\ f(x) = 2$

d) $f(x) = -4x - 6;\ f(x) = 14$

25 ★☆ **An welcher Stelle nimmt die Funktion f den angegebenen Wert an? Löse rechnerisch.**

a) $f(x) = -\frac{2}{3}x + 1;\ f(x) = -3$

b) $f(x) = -\frac{1}{2}x - 5;\quad f(x) = -6{,}5$

c) $f(x) = -\frac{2}{3}x - \frac{1}{6};\ f(x) = -\frac{1}{2}$

d) $f(x) = -\frac{1}{3}x - 2{,}5;\ f(x) = 0{,}5$

Beliebige lineare Gleichungen grafisch lösen

Tipp

Bei der zeichnerischen Lösung linearer Gleichungen genügt es, die Terme auf beiden Seiten so zusammenzufassen, dass sich eine Gleichung der Form $ax + b = cx + d$ ergibt. Die beiden Seiten der Gleichung stellen dann jeweils Funktionsterme von linearen Funktionen dar, deren Graphen Geraden sind. Die Lösung der Gleichung $ax + b = bx + c$ ist die x-Koordinate des Schnittpunkts dieser Geraden.

Beispiel: Bestimme zeichnerisch die Lösungsmenge der Gleichung $2 \cdot (x-1) = 3x - (4x-4)$.

1. Schritt:
Bringe die Gleichung in die Form $ax + b = cx + d$.
$2x - 2 = -x + 4$

2. Schritt:
Zeichne die Geraden $y = 2x - 2$ und $y = -x + 4$ und lies die Lösung am Schnittpunkt der beiden Geraden ab.
$L = \{2\}$

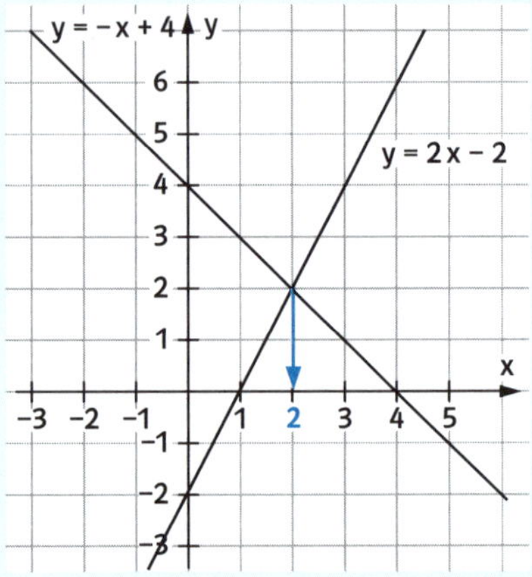

26 ★☆ **Löse die Gleichungen zeichnerisch.**

a) $2x + 1 = x - 4$

b) $4x - 3 = -2x + 3$

c) $0{,}5x - 2 = -0{,}5x + 2$

d) $-1{,}5x + 3 = 1{,}5x - 3$

27 ★★ **Löse die Gleichungen zeichnerisch.**

a) $2 \cdot (x + 2) = 5x - (8x + 1)$

b) $4x = 2x + 4$

c) $2x - (5x - 5) = 2$

d) $2x - (5x - 5) = 2x$

Bruchgleichungen

Tipp

Was sind Bruchgleichungen?

Eine Bruchgleichung ist eine Gleichung, bei der die Variable in mindestens einem Term auch im Nenner vorkommt.

Beispiele: $\frac{3}{x} = 6$; $\frac{3}{4x} = 1$; $\frac{1}{x-2} = \frac{2}{2x-4}$; $\frac{x-1}{2x} = 3$

Was ist die Definitionsmenge?

Ein Bruch ist nichts anderes als eine andere Schreibweise für einen Quotienten. Da im Nenner auch eine Variable stehen kann, kann der Nenner null werden. Da man aber durch null nicht teilen darf, muss man diesen Wert der Variablen, für den der Nenner null wird, zu Beginn von der Lösung ausschließen. Umgekehrt bilden alle Zahlen, die man einsetzen darf, ohne dass der Nenner null wird, die sogenannte Definitionsmenge.

Wenn du herausfinden musst, welche Zahlen man einsetzen darf und welche nicht, musst du jeden Nenner der Gleichung, der eine Variable enthält, gleich null setzen und nach der Variablen auflösen.

Gehe also so vor:
1. Setze den Nenner gleich null.
2. Löse die Gleichung durch Äquivalenzumformungen.
3. Schreibe die Definitionsmenge richtig auf.

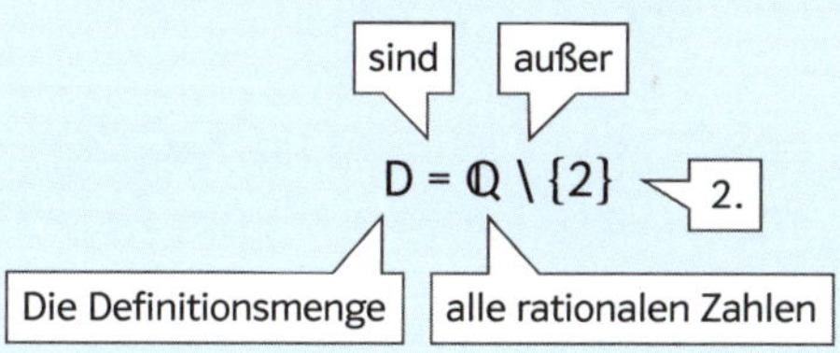

in Worten:
Die Definitionsmenge sind alle rationalen Zahlen außer 2.

28 ★☆ **Bestimme die Definitionsmenge der Bruchterme.**

a) $\frac{2}{x}$
b) $\frac{x}{x+1}$
c) $\frac{3}{x-1} = \frac{2}{x-3}$
d) $\frac{4}{2x+1} = 3$
e) $\frac{2}{x+2} = \frac{3}{2x}$
f) $\frac{x}{(x+1)^2}$

29 ★☆ **Gib verschiedene Bruchterme an, die die angegebene Definitionsmenge haben.**

a) $D = \mathbb{Q} \setminus \{-1\}$
b) $D = \mathbb{Q} \setminus \{2\}$
c) $D = \mathbb{Q} \setminus \{-2; 2\}$
d) $D = \mathbb{Q} \setminus \{0; 3\}$

Tipp

Bruchgleichungen kannst du wie andere (lineare) Gleichungen auch durch Äquivalenzumformungen lösen. Hier kommt allerdings noch dazu, dass die ausgerechnete Zahl trotzdem keine Lösung der Gleichung sein kann, wenn sie nicht zur Definitionsmenge gehört. Das gibt es nur bei Bruchgleichungen.

Beispiel: Löse die Gleichung $\frac{3+x}{x-2} = 6$.

1. Bestimme die Definitionsmenge.
   $x - 2 = 0 \quad | +2$
   $x = 2$
   $D = \mathbb{Q} \setminus \{2\}$
2. Multipliziere alle Teile der Gleichung mit einem Nenner. Dadurch erhältst du eine Gleichung, ohne Brüche, in der keine Variable mehr im Nenner steht.
   $\frac{3+x}{x-2} = 6 \quad | \cdot (x-2)$
   Achte darauf, dass du alle Teile der Gleichung multiplizierst!
3. Löse die umgeformte Gleichung durch Äquivalenzumformungen.
   $3 + x = 6 \cdot (x-2) \quad |$ ausmultiplizieren
   $3 + x = 6x - 12 \quad | -x$
   $3 = 5x - 12 \quad | +12$
   $15 = 5x \quad | :5$
   $x = 3$
   Das ist das Gleiche wie das Über-Kreuz-Multiplizieren.
4. Vergleiche die Lösung mit der Definitionsmenge.
   3 gehört zur Definitionsmenge.
5. Gib die Lösungsmenge an.
   Also ist $L = \{3\}$.

30 ★☆ **Löse die Bruchgleichungen.**

a) $\frac{2}{x} = 2$ $\quad L = \{\ \ \}$

b) $\frac{9}{x} = 3$ $\quad L = \{\ \ \}$

c) $\frac{5}{x} = 10$ $\quad L = \{\ \ \}$

d) $\frac{9}{2x} = 3$ $\quad L = \{\ \ \}$

e) $\frac{2}{x} + 3 = 7$ $\quad L = \{\ \ \}$

f) $\frac{10}{3x} = 5$ $\quad L = \{\ \ \}$

31 ★☆ **Löse die Gleichungen.**

a) $\frac{6}{x} - 2 = 1$ L = { }

b) $\frac{12}{x} = \frac{6}{5}$ L = { }

c) $\frac{3}{x} - 2 = \frac{4}{x}$ L = { }

32 ★☆ **Löse die Bruchgleichungen.**

a) $\frac{2}{x - 1} = 2$

b) $\frac{3}{x - 7} = 2$

c) $\frac{4}{x + 2} = 1$

d) $\frac{x}{x - 3} = 2$

e) $\frac{2x}{x + 3} = 4$

f) $\frac{-x}{2x + 1} = 2$

33 ★☆ **Löse die Bruchgleichungen.**

a) $2 + \frac{x}{x - 1} - 1 = 0$

b) $\frac{2 - x}{x + 1} + 1 = 2$

c) $\frac{4 + x}{(2x - 2)} - 1 = 2$

Lineare Ungleichungen

Tipp

Werden zwei Terme durch ein <, ≦, > oder ≧-Zeichen verbunden, spricht man von einer Ungleichung.
Lineare Ungleichungen kannst du grafisch oder rechnerisch lösen.

Möglichkeit 1: grafische Lösung

Jede lineare (Un-)Gleichung kann als Schnittproblem von zwei Geraden aufgefasst werden. Dabei stehen links und rechts des (Un-)Gleichheitszeichens jeweils eine Geradengleichung.

Beispiel:
Bestimme zeichnerisch die Lösungsmenge der Ungleichung $2x - 1 < -x + 5$.

1. **Forme** gegebenenfalls die Terme auf jeder Seite des Gleichheitszeichens durch Zusammenfassen so um, dass du die zugehörigen Gleichungen in ein Koordinatensystem zeichnen kannst.

2. **Zeichne** die beiden Geraden in ein Koordinatensystem. Lies den Schnittpunkt ab. Die Lösungen liegen dort links oder rechts vom Schnittpunkt, wo die eine Gerade unter- bzw. oberhalb der entsprechenden anderen Geraden verläuft.

3. Notiere die **Lösungsmenge** in der Form $L = \{x \mid x < d\}$ bzw. $L = \{x \mid x > d\}$ oder $L = \{x \mid x \leqq d\}$ bzw. $L = \{x \mid x \geqq d\}$.

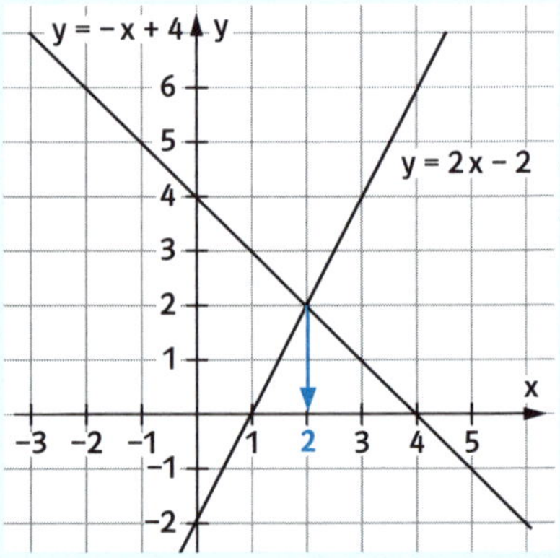

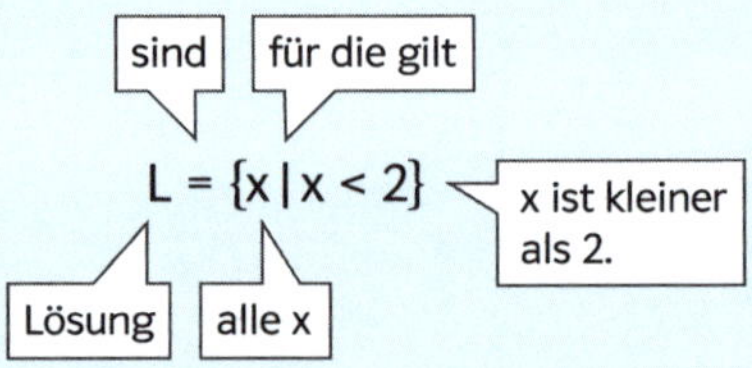

34 ★☆ **Bestimme die Lösungsmengen der Ungleichungen zeichnerisch.**

a) $2x - 5 < -x + 4$

b) $4x - 1 \geqq -2x + 5$

c) $1{,}5x - 1 \leqq -2{,}5x + 1$

d) $x - (0{,}5x - 3) > 0{,}5 \cdot (3x - 2)$

e) $2x - 5 \geqq 5x - 2$

f) $-2 \cdot (x + 2) < 4x + 5$

Tipp

Möglichkeit 2: rechnerische Lösung

Das Verfahren entspricht den Schritten der grafischen Lösung.

Beispiel:
Bestimme rechnerisch die Lösungsmenge der Ungleichung $2x - 1 < -x + 5$.

1. Ersetze das Ungleichheitszeichen durch ein Gleichheitszeichen und löse die zugehörige lineare Gleichung.

Ersetze < durch =.

$2x - 1 = -x + 5 \quad | +x$

$3x - 1 = 5 \quad | +1$

$3x = 6 \quad | :3$

$x = 2$

2. Setze einen x-Wert kleiner oder größer der Lösung (mit dem du geschickt rechnen kannst, am besten sind $x = 0$ oder $x = 1$) in beide Seiten der Gleichung ein und überprüfe, ob eine wahre Aussage da steht.

(geschickter) Wert kleiner als 2: $x = 0$ in beide Seiten der Gleichung einsetzen:

$-1 < 5$ ✓

Wert größer als 2: $x = 3$ in beide Seiten der Gleichung einsetzen:

$5 < -2$ ✗

3. Notiere entsprechend die Lösungsmenge in der Form $L = \{x \mid x < d\}$ bzw. $L = \{x \mid x > d\}$ oder $L = \{x \mid x \leqq d\}$ bzw. $L = \{x \mid x \geqq d\}$.

$L = \{x \mid x < 2\}$

35 ★☆ **Bestimme die Lösungsmengen der Ungleichungen rechnerisch.**

a) $2x - 5 < -x + 4$

b) $4x - 1 \geqq -2x + 5$

c) $1{,}5x - 1 \leqq -2{,}5x + 1$

d) $x - (0{,}5x - 3) > 0{,}5 \cdot (3x - 2)$

e) $2x - 5 \geqq 5x - 2$

f) $-2 \cdot (x + 2) < 4x + 5$

3 Quadratische Gleichungen

Eine Gleichung, die man durch Äquivalenzumformungen auf die Form $ax^2 + bx + c = 0$ mit $a \neq 0$ bringen kann, nennt man quadratische Gleichung.

Einfacher formuliert kannst du auch sagen:
Eine Gleichung, in der höchstens x^2, x und Zahlen vorkommen, heißt quadratische Gleichung.

Tipp

Ist x die Variable, dann muss bei einer quadratischen Funktion ein x^2, sprich „x Quadrat" auftauchen.

Die quadratischen Gleichungen können in verschiedene Typen unterteilt werden:

Bezeichnung	Gleichung	Beschreibung
reinquadratische Gleichungen	$ax^2 + c = 0$ bzw. $ax^2 = -c$ (hier ist $b = 0$)	eine Gleichung, in der nur Vielfache von x^2 (und kein x) vorkommen

Bezeichnung	Gleichung	Beschreibung
gemischt-quadratische Gleichungen	$ax^2 + bx + c = 0$ oder $ax^2 + bx = 0$ (hier ist $c = 0$)	eine Gleichung, in der Vielfache von x^2 und Vielfache von x vorkommen

Reinquadratische Gleichungen der Form $ax^2 + c = 0$ bzw. $ax^2 = -\frac{c}{a}$ können keine Lösung, genau eine oder zwei Lösungen haben, die sich nur in ihrem Vorzeichen unterscheiden.

<table>
<tr><th></th><th>keine Lösung</th><th>eine Lösung</th><th>zwei Lösungen</th></tr>
<tr><td></td><td>$c > 0$</td><td>$c = 0$</td><td>$c < 0$</td></tr>
<tr><td>$a > 0$</td><td>Die Zahl unter der Wurzel ist negativ.
$L = \{\ \}$</td><td rowspan="2">Die Zahl unter der Wurzel ist null.
$L = \{0\}$</td><td>Die Zahl unter der Wurzel (Diskriminante) ist positiv.
$L = \left\{-\sqrt{-\frac{c}{a}}; \sqrt{-\frac{c}{a}}\right\}$</td></tr>
<tr><td>$a < 0$</td><td>Die Zahl unter der Wurzel ist positiv.
$L = \left\{-\sqrt{\frac{c}{-a}}; \sqrt{\frac{c}{-a}}\right\}$</td><td>Die Zahl unter der Wurzel ist negativ.
$L = \{\ \}$</td></tr>
</table>

1 ★☆ **Ist die Gleichung nicht quadratisch, reinquadratisch oder gemischtquadratisch? Kreuze an und begründe.**

Gleichung	nicht quadratisch	reinquadratisch	gemischtquadratisch
$3x^2 = 4x$	☐	☐	☐
$x^2 = 64$	☐	☐	☐
$10 = 1 - 3x + x^2$	☐	☐	☐
$4x = 6$	☐	☐	☐
$(x - 3)^2 = 5$	☐	☐	☐
$x^2 = 2 - x^3$	☐	☐	☐

2 ★☆ **Wie viele Lösungen hat die reinquadratische Gleichung? Berechne die Zahl unter der Wurzel, entscheide und kreuze dann an.**

	Zahl unter der Wurzel	keine Lösung	eine Lösung	zwei Lösungen
$x^2 + 2 = 0$		☐	☐	☐
$3x^2 = 48$		☐	☐	☐
$-5x^2 + 5 = 0$		☐	☐	☐
$2x^2 = 0$		☐	☐	☐
$-2x^2 = -8$		☐	☐	☐

3 ★☆ **Löse die quadratischen Gleichungen.**

a) $3x^2 = 0$

b) $4x^2 - 1 = 0$

c) $x^2 + 2 = 0$

d) $-\frac{1}{2}x^2 = -18$

e) $\frac{1}{5}x^2 - 3 = 2$

f) $9x^2 - 16 = 0$

g) $3x^2 - 3{,}75 = 2{,}25$

h) $3x^2 = x^2 + 32$

Quadratische Gleichungen grafisch lösen – quadratische Funktionen

Tipp

Eine Gleichung kann grafisch gelöst werden, indem man jede Seite der Gleichung grafisch in ein Koordinatensystem zeichnet und dann gemeinsame Punkte bestimmt. Bei quadratischen Gleichungen muss man entweder eine Parabel und eine Gerade oder zwei Parabeln darstellen. Besonders einfach geht die grafische Lösung, wenn man die Gleichung so umformt, dass sie in der Gestalt $ax^2 + bx + c = d$ bzw. $ax^2 + bx + c = 0$ gegeben ist.

Ist eine quadratische Gleichung der Form $ax^2 + bx + c = 0$ gegeben, dann entspricht die linke Seite der Normalform einer quadratischen Funktion.
Ihr Graph ist eine Parabel.
Wenn die rechte Seite der Gleichung null ist, entspricht die Lösung einer quadratischen Gleichung den Nullstellen der zugehörigen Parabel.

Auch quadratische Gleichungen kannst du grafisch oder rechnerisch lösen.

Möglichkeit 1: grafische Lösung

Eine Parabel kannst du dann gut zeichnen, wenn die zugehörige Funktionsgleichung in Scheitelpunktform $a(x-d)^2+e$ vorliegt.

Beispiel: $2x^2 - 20x + 45 = 0$

1. Wandle die linke Seite in die Scheitelpunktform $a(x-d)^2$ um:

$d = \frac{b}{-2a} = \frac{-20}{-2 \cdot 2} = \frac{-20}{-4} = 5$

$e = c - ad^2$
$= 45 - 2 \cdot 5^2$
$= 45 - 50$
$= -5,$

also lautet die umgeformte Gleichung $2(x-5)^2 - 5 = 0$.

2. Zeichne die Parabel und lies die Nullstellen ab.

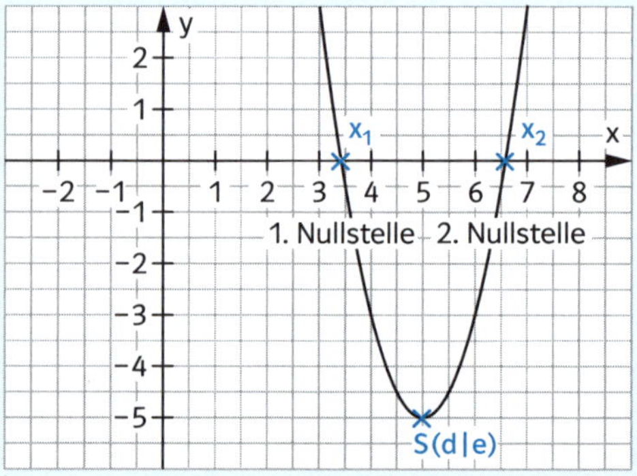

4 ★☆ **Forme die Gleichungen so um, dass sie die Form $ax^2 + bx + c = 0$ haben.**

a) $10 = 1 - 3x + x^2$

b) $3x^2 = 4x$

c) $(2x+1)^2 = 3$

d) $x - 2x^2 = 5 - x^2$

5 ★☆ **Stelle die quadratischen Gleichungen grafisch dar.**

a) $2x^2 + 2x + 1 = 0$

b) $-x^2 + 3x + 3{,}75 = 0$

c) $-x^2 + 4x - 3 = 0$

d) $\frac{1}{2}x^2 + 2x + 1 = 0$

e) $3x^2 - 3x = 0$

f) $-2x^2 + 3 = 0$

Tipp

Forme dazu zuerst die linke Seite der Gleichung in Scheitelpunktform um.

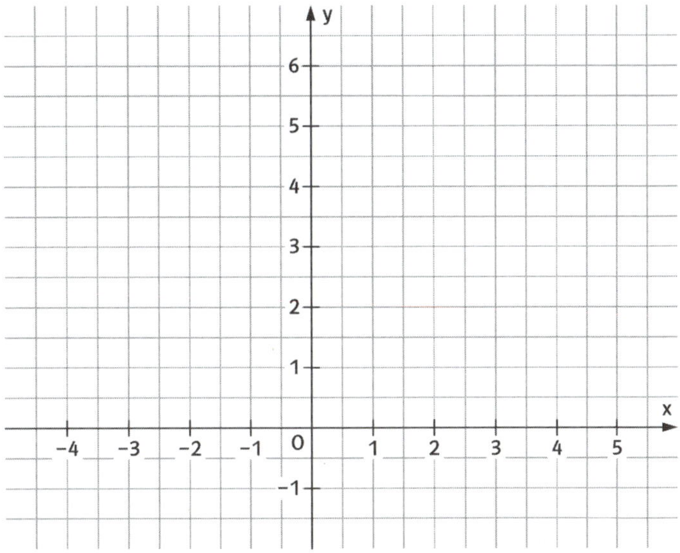

6 ★☆ **Löse die quadratischen Gleichungen grafisch.**

a) $x^2 - 1 = 0$

b) $-x^2 + 4 = 0$

c) $\frac{1}{4}x^2 - 1 = 0$

d) $-\frac{1}{2}x^2 + 4{,}5 = 0$

e) $2x^2 + 2 = 0$

f) $2x^2 = 0$

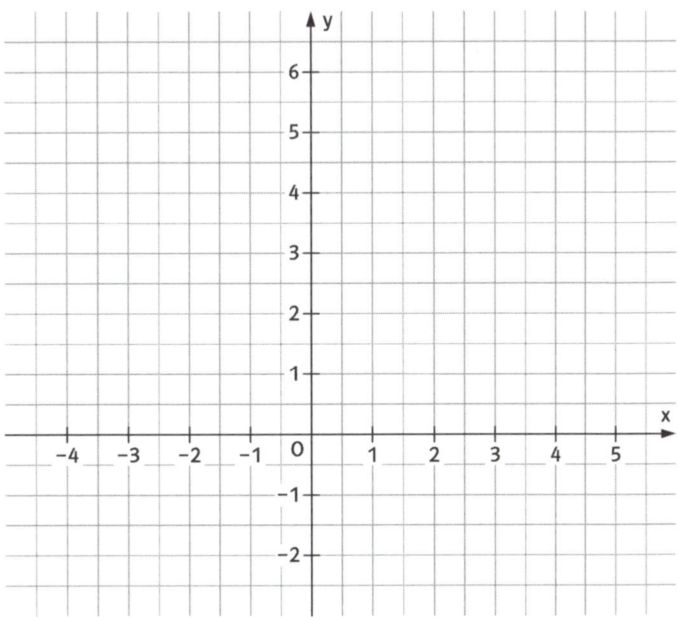

Tipp

Möglichkeit 2: rechnerische Lösung

So kannst du eine quadratische Gleichung der Form $ax^2 + bx + c = 0$ rechnerisch lösen:

Gleichung:	$ax^2 + bx + c = 0 \quad (a \neq 0)$	$x^2 + px + q = 0$
Lösungsformel	$\mathbf{x_{1,2} = \frac{-b \pm \sqrt{b^2 - 4ac}}{2a}}$ „Mitternachtsformel"	$\mathbf{x_{1,2} = -\frac{p}{2} \pm \sqrt{\left(\frac{p}{2}\right)^2 - q}}$ „p-q-Formel"
keine Lösung:	Der Term unter der Wurzel (Diskriminante) ist negativ.	
keine Nullstelle	$b^2 - 4ac < 0$ $L = \{\,\}$	$\left(\frac{p}{2}\right)^2 - q < 0$ $L = \{\,\}$
eine Lösung:	Der Term unter der Wurzel (Diskriminante) ist null.	
eine Nullstelle	$b^2 - 4ac = 0$ $x_0 = \frac{-b}{2a}$; $L = \left\{\frac{-b}{2a}\right\}$	$\left(\frac{p}{2}\right)^2 - q = 0$ $x_0 = -\frac{p}{2}$; $L = \left\{-\frac{p}{2}\right\}$
zwei Lösungen:	Der Term unter der Wurzel (Diskriminante) ist positiv.	
zwei Nullstellen	$b^2 - 4ac > 0$ $x_1 = \frac{-b + \sqrt{b^2 - 4ac}}{2a}$ $x_2 = \frac{-b - \sqrt{b^2 - 4ac}}{2a}$ $L = \{x_1; x_2\}$	$\left(\frac{p}{2}\right)^2 - q > 0$ $x_1 = -\frac{p}{2} + \sqrt{\left(\frac{p}{2}\right)^2 - q}$ $x_2 = -\frac{p}{2} - \sqrt{\left(\frac{p}{2}\right)^2 - q}$ $L = \{x_1; x_2\}$

7 ★☆ **Bestimme die Anzahl der Lösungen. Kreuze an.**

Gleichung	Diskriminante	keine Lösung	eine Lösung	zwei Lösungen
$x^2 - 2x + 1 = 0$		☐	☐	☐
$x^2 - x + 1 = 0$		☐	☐	☐
$x^2 + 10x + 9 = 0$		☐	☐	☐
$x^2 - \frac{1}{2}x - \frac{1}{2} = 0$		☐	☐	☐

8 ★☆ **Bestimme die Anzahl der Lösungen. Kreuze an.**

Gleichung	Diskriminante	keine Lösung	eine Lösung	zwei Lösungen
$3x^2 - 3x + 1 = 0$		☐	☐	☐
$2x^2 - 6x + 4 = 0$		☐	☐	☐
$-3x^2 - 18x - 27 = 0$		☐	☐	☐
$-\frac{1}{2}x^2 + x + 4 = 0$		☐	☐	☐

9 ★☆ **Berechne die Lösungen der quadratischen Gleichungen.**

a) $-\frac{1}{2}x^2 + x + 4 = 0$

b) $2x^2 - 6x + 4 = 0$

c) $x^2 - 2x + 1 = 0$

d) $x^2 - x + 1 = 0$

e) $\frac{1}{2}x^2 + 3x - 8 = 0$

f) $2x^2 - x + 2 = 0$

g) $x^2 + 10x + 9 = 0$

h) $-3x^2 - 18x - 29 = 0$

Spezialfall: gemischtquadratische Gleichungen der Form $ax^2 + bx = 0$ – der Satz vom Nullprodukt

Tipp

Eine Gleichung der Form $ax^2 + bx = 0$ ist ein Sonderfall der gemischtquadratischen Gleichungen. In diesem Typ kommen nur Vielfache von x^2, x und die Zahl 0 vor. Durch Ausklammern von x erhält man auf der linken Seite ein Produkt der Form $x \cdot (ax + b) = 0$.
Die Gleichung kann dann mithilfe des Satzes vom Nullprodukt gelöst werden. Eine Lösung ist immer 0.

Möglichkeit 1: Lösen durch Umwandeln in ein Produkt $x(ax + b) = 0$

Der Satz vom Nullprodukt gibt vor, wie eine Gleichung, in der ein Produkt gleich null ist, gelöst werden kann.

Satz vom Nullprodukt	Kurzschreibweise	Beispiel
Ein Produkt ist 0, wenn mindestens einer der beiden Faktoren 0 ist.	Term 1 · Term 2 = 0 Lösung: Term 1 = 0 oder Term 2 = 0	$x \cdot (x - 4) = 0$ $x_1 = 0$ oder $x - 4 = 0$ $x_2 = 4$

Möglichkeit 2: Lösen mit der Mitternachtsformel

Da die Gleichung der Form $ax^2 + bx = 0$ ein Sonderfall der quadratischen Gleichung mit $ax^2 + bx + c = 0$ ist, kannst du diese Gleichung auch mit der Mitternachtsformel oder Lösungsformel lösen. Dabei musst du nur darauf achten, dass c null ist.

Entscheide selbst, welches Verfahren du anwenden möchtest.

10 ★☆

Berechne die Lösungen der quadratischen Gleichungen.

a) $6x^2 + 9x = 0$

b) $x^2 - 3x = 0$

c) $\frac{1}{2}x^2 - x = 0$

d) $x^2 + x = 0$

e) $3x^2 = 0$

f) $-3x^2 - 6x = 0$

g) $x^2 - 5x = 0$

h) $6x - 9x^2 = 5x$

11 ★★

Berechne die Lösungen der quadratischen Gleichungen.

a) $2x^2 = 4x + 6$

b) $x^2 + 7x - 5 = x - 10$

c) $x^2 - 5x + 10 = x + 5$

d) $-3x^2 + 3x - \frac{3}{2} = x^2 + x$

e) $x^2 = 4x - 4$

f) $-2x^2 + 8x + 5 = 2x + 5$

12 ★★

Die Gleichungen sollen die vorgegebene Anzahl von Lösungen haben.
Kreuze alle Zahlen an, die für $\square$ eingesetzt werden können.

a) $3x^2 = \square$; keine Lösung

☐ −2 ☐ −1 ☐ 0 ☐ 1 ☐ 2

b) $x^2 - 1 = \square$; zwei Lösungen

☐ −2 ☐ −1 ☐ 0 ☐ 1 ☐ 2

c) $x^2 - 2x + \square = 0$; genau eine Lösung

☐ −2 ☐ −1 ☐ 0 ☐ 1 ☐ 2

d) $x^2 - 2\square x + 4 = 0$; genau eine Lösung

☐ −2 ☐ −1 ☐ 0 ☐ 1 ☐ 2

Quadratische Ungleichungen

Tipp

Quadratische Ungleichungen kannst du wie lineare Ungleichungen auch mit den gleichen Überlegungen grafisch oder rechnerisch lösen.

Möglichkeit 1: grafische Lösung

Jede lineare (Un-)Gleichung kann als Schnittproblem von einer Parabel und einer Geraden aufgefasst werden.
Dabei steht auf der einen Seite des (Un-)Gleichheitszeichens die Gleichung einer Parabel, auf der anderen Seite eine Geradengleichung.

1. Forme gegebenenfalls die Terme auf jeder Seite des Gleichheitszeichens durch Zusammenfassen so um, dass du die zugehörigen Graphen in ein Koordinatensystem zeichnen kannst. Tipp: ax^2 auf einer Seite, $bx + c$ auf der anderen Seite.

Beispiel:
Bestimme die Lösungsmenge.
$x^2 - x - 1 \geqq 1$
Umformen: $x^2 \geqq x + 2$

2. Zeichne die Parabel und die Gerade in ein Koordinatensystem. Lies mögliche Schnittpunkte ab. Die Lösungen liegen dort links oder rechts oder in der Mitte der Schnittpunkte, wo die Gerade unter- bzw. oberhalb der Parabel verläuft.

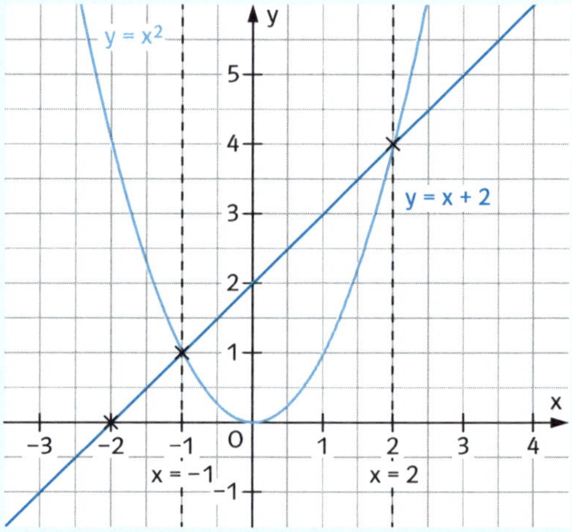

3. Notiere die Lösungsmenge.

$L = \{x \mid x \leqq -1 \text{ und } x \geqq 2\}$

Tipp

Möglichkeit 2: rechnerische Lösung

Das Verfahren entspricht den Schritten der grafischen Lösung.

Beispiel:
Bestimme die Lösungsmenge von
$x^2 - x - 1 \geqq 1$.

1. Ersetze das Ungleichheitszeichen durch ein Gleichheitszeichen und löse die zugehörige quadratische Gleichung mit der Lösungsformel oder der Mitternachtsformel.

Ersetze ≧ durch =.
$x^2 - x - 1 = 1 \quad | -1$
$x^2 - x - 2 = 0$
$x_{1,2} = 1 \pm \frac{\sqrt{1+8}}{2} = \frac{1 \pm 3}{2}$
$x_1 = 2;\ x_2 = -1$

2. Setze einen x-Wert kleiner oder größer der Lösungen (mit dem du geschickt rechnen kannst, am besten sind $x = 0$ oder $x = 1$) in beide Seiten der Gleichung ein und überprüfe, ob eine wahre Aussage da steht.

(geschickter) Wert zwischen −1 und 2:
$x = 0$ in beide Seiten der Gleichung einsetzen:
$-1 \geqq 1$ ✗
Wert kleiner als −1:
$x = -2$ in beide Seiten der Gleichung einsetzen:
$5 \geqq 1$ ✓
Wert größer als 2:
$x = 3$ in beide Seiten der Gleichung einsetzen:
$5 \geqq 2$ ✓

3. Notiere entsprechend die Lösungsmenge.

$L = \{x \mid x \leqq -1 \text{ und } x \geqq 2\}$

Berühren sich die Parabel und die Gerade, dann hat eine Ungleichung mit ≧ oder ≦ nur eine Lösung.

13 ★★ **Löse die Ungleichungen zeichnerisch.**

a) $-\frac{1}{2}x^2 + x > -4$　　b) $3x^2 \leqq 6x - 3$　　c) $2x^2 + 4x + 3 \leqq 1$

14 ★★ **Löse die Ungleichungen rechnerisch.**

a) $-\frac{1}{2}x^2 + x > -4$　　b) $3x^2 \leqq 6x - 3$　　c) $2x^2 + 4x + 3 < 1$

1 Gleichungen

1 a) keine Lösung b) keine Lösung c) Lösung
d) keine Lösung e) keine Lösung f) Lösung

2 a) $x = 24$ b) $x = 16$ c) $x = 9$ d) $x = 5$
e) $x = 7$ f) $x = 9$ g) $x = 3$ h) $x = \frac{1}{2}$

Mathematisch korrekt notiert ist nur die Zahl Lösung der Gleichung.

3 ① und ⑤; ② und ⑥; ③ und ④

4 $6x + 8 = 80$; $x = 12$; Die gesuchte Zahl ist 12.

5 $8x - 13 = 59$; $x = 9$; Die gesuchte Zahl ist 9.

6 $\frac{1}{2}x + 23 = 30$; $x = 14$; Die gesuchte Zahl ist 14.

7 $x + x + 1 = 21$; $x = 10$; Die gesuchte Zahl ist 10.

8 $5x - 8 = 3x$; $x = 4$; Die gesuchte Zahl ist 4.

9 a) $2{,}4\,€ + 1{,}5\,€ \cdot x$; $x = 25$, also $2{,}4\,€ + 1{,}5\,€ \cdot 25 = 39{,}90\,€$
b) $30\,€ = 2{,}4\,€ + 1{,}5\,€ \cdot x$; also $27{,}6\,€ = 1{,}5\,€ \cdot x$; $x = 18{,}4$.
Herr Sparsam kann noch 18,4 km fahren.

10 a) $(8\,m - 2 \cdot 1\,m) : 2 = 3\,m$. Die Fläche ist dann $3\,m \cdot 1\,m = 3\,m^2$
b) z.B. 2 m, denn $2\,m \cdot 2\,m = 4\,m^2$

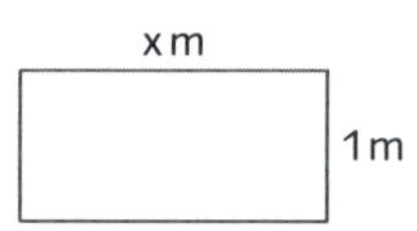

11 x: Lukas
$x + x + 2 = 26$; also $x = 12$
Elisa ist also 14 Jahre, Lukas 12 Jahre alt.

12 x: Max
$2x + x + x - 6 = 62$; also $x = 17$
Max erhält also 17 Gummibärchen, Jasmin 34 und Linda 11.

13 x: Felix
$x + x - 8 + x - 6 = 31$; also $x = 15$
Felix bekam also 15 Stimmen, Anna 7 und Julia 9 Stimmen.

14 a) Es kommen bei jedem Schritt 2 Streichhölzer dazu. Zieht man beim 1. Schritt 2 Hölzchen ab, dann bleibt 1 festes Streichholz übrig.
Also lautet der Term für die Anzahl der Streichhölzer: $1 + 2 \cdot x$.

$1 + 2 \cdot x = 57 \quad | -1$

$2 \cdot x = 56 \quad | : 2$

$x = 28$, also besteht der 28. Schritt aus 57 Streichhölzern.

Schritt (x)	Muster	gezählte Teile	Term: $1 + 2 \cdot x$
1		3	$1 + 2 \cdot 1 = 3$ ✓
2		5	$1 + 2 \cdot 2 = 5$ ✓
3		7	$1 + 2 \cdot 3 = 7$ ✓
4		9	$1 + 2 \cdot 4 = 9$ ✓
5		11	$1 + 2 \cdot 5 = 11$ ✓

b) Es kommen bei jedem Schritt 4 Streichhölzer dazu. Zieht man beim 1. Schritt 4 Hölzchen ab, dann bleibt kein festes Streichholz übrig.
Also lautet der Term für die Anzahl der Streichhölzer: $4 \cdot x$.

$4 \cdot x = 72 \quad | : 4$

$x = 18$, also besteht der 18. Schritt aus 72 Streichhölzern.

Schritt (x)	Muster	gezählte Teile	Term: $4 \cdot x$
1		4	$4 \cdot 1 = 4$ ✓
2		8	$4 \cdot 2 = 8$ ✓
3	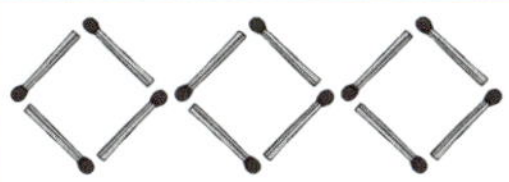	12	$4 \cdot 3 = 12$ ✓
4		16	$4 \cdot 4 = 16$ ✓
5	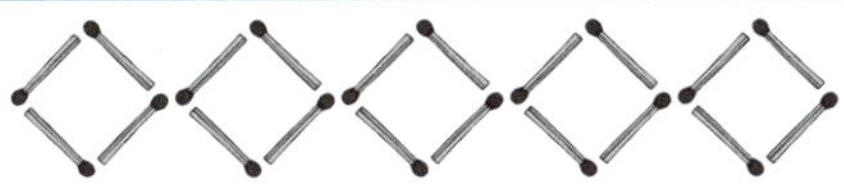	20	$4 \cdot 5 = 20$ ✓

c) Es kommen bei jedem Schritt 4 Streichhölzer dazu. Zieht man beim 1. Schritt 4 Hölzchen ab, dann bleibt kein festes Streichholz übrig.
Also lautet der Term für die Anzahl der Streichhölzer: $4 \cdot x$.
$4 \cdot x = 96 \quad | :4$
$x = 24$, also besteht der 24. Schritt aus 96 Streichhölzern.

Schritt (x)	Muster	gezählte Teile	Term: $4 \cdot x$
1		4	$4 \cdot 1 = 4$ ✓
2		8	$4 \cdot 2 = 8$ ✓
3	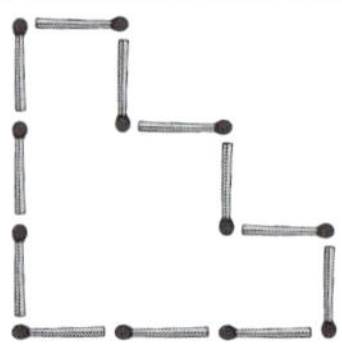	12	$4 \cdot 3 = 12$ ✓
4	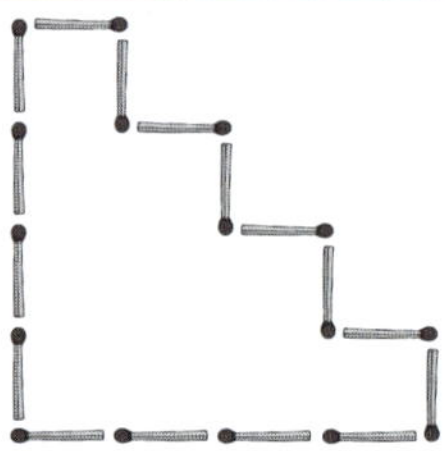	16	$4 \cdot 4 = 16$ ✓
5	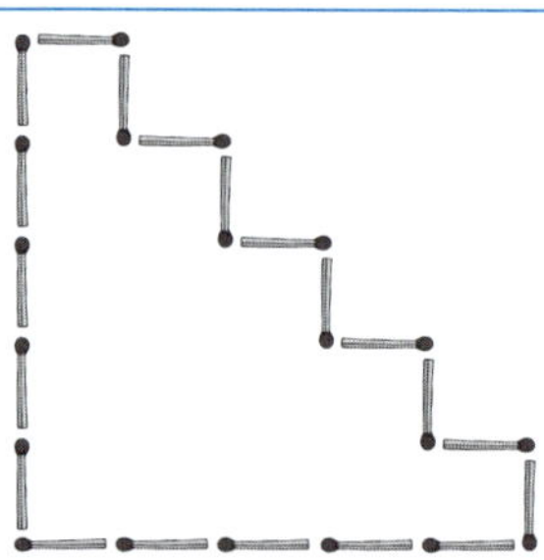	20	$4 \cdot 5 = 20$ ✓

15 a) Es kommen bei jeder Reihe 3 Plättchen dazu. Zieht man bei der ersten Reihe 3 Plättchen ab, dann bleiben 4 Plättchen übrig.
Also lautet der Term für die Anzahl der Plättchen in der x-ten Reihe: $4 + 3 \cdot x$.
$4 + 3 \cdot x = 40 \quad | -4$
$3 \cdot x = 36 \quad | :3$
$x = 12$, also besteht die 12. Reihe aus 40 Plättchen.

b) Es kommt bei jeder Reihe 1 Plättchen dazu. Zieht man bei der ersten Reihe 1 Plättchen ab, dann bleiben 2 Plättchen übrig.
Also lautet der Term für die Anzahl der Plättchen in der x-ten Reihe: $2 + 1 \cdot x$.
$2 + 1 \cdot x = 23 \quad | -2$
$1 \cdot x = 21$, also besteht die 21. Reihe aus 23 Plättchen.

c) Es kommen bei jeder Reihe 3 Plättchen dazu. Zieht man bei der ersten Reihe 3 Plättchen ab, dann bleiben keine Plättchen übrig.
Also lautet der Term für die Anzahl der Plättchen in der x-ten Reihe: $3 \cdot x$.
$3 \cdot x = 57 \quad | : 3$
$x = 19$, also besteht die 19. Reihe aus 57 Plättchen.

16 a)

Schritt (x)	Muster	gezählte Teile	Term: $2 + 2 \cdot x$
1		4	$2 + 2 \cdot 1 = 4$ ✓
2		6	$2 + 2 \cdot 2 = 6$ ✓
3		8	$2 + 2 \cdot 3 = 8$ ✓
4		10	$2 + 2 \cdot 4 = 10$ ✓
5		12	$2 + 2 \cdot 5 = 12$ ✓

Es kommen bei jedem Schritt 2 Plättchen dazu. Zieht man beim 1. Schritt 2 Plättchen ab, dann bleiben 2 feste Plättchen übrig.
Also lautet der Term für die Anzahl der Plättchen: $2 + 2 \cdot x$.
$2 + 2 \cdot x = 64 \quad | -2$
$2 \cdot x = 62 \quad | : 2$
$x = 31$, also besteht der 31. Schritt aus 64 Plättchen.

b)

Schritt (x)	Muster	gezählte Teile	Term: $2 + 4 \cdot x$
1		6	$2 + 4 \cdot 1 = 6$ ✓
2	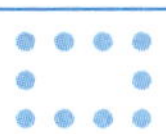	10	$2 + 4 \cdot 2 = 10$ ✓
3	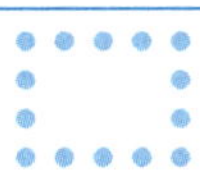	14	$2 + 4 \cdot 3 = 14$ ✓
4		18	$2 + 4 \cdot 4 = 18$ ✓
5		22	$2 + 4 \cdot 5 = 22$ ✓

Es kommen bei jedem Schritt 4 Plättchen dazu. Zieht man beim 1. Schritt 4 Plättchen ab, dann bleiben 2 feste Plättchen übrig.
Also lautet der Term für die Anzahl der Plättchen: $2 + 4 \cdot x$.

$2 + 4 \cdot x = 102 \quad | -2$
$4 \cdot x = 100 \quad | : 4$
$x = 25$, also besteht der 25. Schritt aus 102 Plättchen.

c)

Schritt (x)	Muster	gezählte Teile	Term: $4 + 2 \cdot x$
1		6	$4 + 2 \cdot 1 = 6$ ✓
2	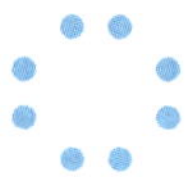	8	$4 + 2 \cdot 2 = 8$ ✓
3	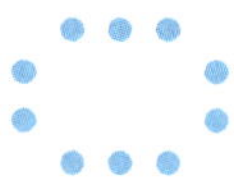	10	$4 + 2 \cdot 3 = 10$ ✓
4	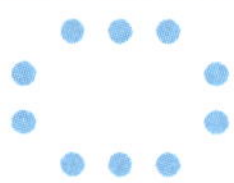	12	$4 + 2 \cdot 4 = 12$ ✓
5		14	$4 + 2 \cdot 5 = 14$ ✓

Es kommen bei jedem Schritt 2 Plättchen dazu. Zieht man beim 1. Schritt 2 Plättchen ab, dann bleiben 4 feste Plättchen übrig.
Also lautet der Term für die Anzahl der Plättchen: $4 + 2 \cdot x$.

$4 + 2 \cdot x = 100 \quad | -4$
$2 \cdot x = 96 \quad | : 2$
$x = 48$, also besteht der 100. Schritt aus 48 Plättchen.

17 Es kommen bei jeder Schuppenreihe 2 Plättchen dazu. Zieht man bei der ersten Reihe 2 Plättchen ab, dann bleibt 1 Plättchen übrig.
Also lautet der Term für die Anzahl der Plättchen in der x-ten Reihe: $2 \cdot x + 1$.

$2 \cdot x + 1 = 43 \quad | -1$
$2 \cdot x = 42 \quad | : 2$
$x = 21$, also besteht der 21. Fisch aus 43 Schuppen.

18 Der Term für die Anzahl der Plättchen in der x-ten Reihe lautet: $x^2 + 1$.

$x^2 + 1 = 65 \quad | -1$
$x^2 = 64$, $8^2 = 64$, also besteht der Fisch mit 8 Schuppenreihen aus 65 Schuppen.

2 Lineare Gleichungen

1

a) $x - 5 = 25 \quad | +5$
$x = 30$
$L = \{30\}$

b) $x - 3 = 3 \quad | +3$
$x = 6$
$L = \{6\}$

c) $x - 9 = 0 \quad | +9$
$x = 9$
$L = \{9\}$

d) $x - 12 = -13 \quad | +12$
$x = -1$
$L = \{-1\}$

e) $3x - 4 = 11 \quad | +4$
$3x = 15 \quad | :3$
$x = 5$
$L = \{5\}$

f) $2x - 5 = -15 \quad | +5$
$2x = -10 \quad | :2$
$x = -5$
$L = \{-5\}$

g) $7x - 5 = -26 \quad | +5$
$7x = -21 \quad | :7$
$x = -3$
$L = \{-3\}$

h) $25 - 6x = 1 \quad | -25$
$-6x = -24 \quad | :(-6)$
$x = 4$
$L = \{4\}$

i) $-8 - 5x = -13 \quad | +8$
$-5x = -5 \quad | :(-5)$
$x = 1$
$L = \{1\}$

2

a) $3x + 7 = 8x + 2 \quad | -3x$
$7 = 5x + 2 \quad | -2$
$5 = 5x \quad | :5$
$x = 1$
$L = \{1\}$

b) $7x + 5 = 2x + 20 \quad | -2x$
$5x + 5 = 20 \quad | -5$
$5x = 15 \quad | :5$
$x = 3$
$L = \{3\}$

c) $4x + 3 = 2x - 5 \quad | -2x$
$2x + 3 = -5 \quad | -3$
$2x = -8 \quad | :2$
$x = -4$
$L = \{-4\}$

d) $6x + 1 = 2 - 3x \quad | +3x$
$9x + 1 = 2 \quad | -1$
$9x = 1 \quad | :9$
$x = \frac{1}{9}$
$L = \left\{\frac{1}{9}\right\}$

e) $7x - 2 = 1 - 5x \quad | +5x$
$12x - 2 = 1 \quad | +2$
$12x = 3 \quad | :12$
$x = \frac{1}{4}$
$L = \left\{\frac{1}{4}\right\}$

f) $5 - x = 2x - 7 \quad | +x$
$5 = 3x - 7 \quad | +7$
$12 = 3x \quad | :3$
$x = 4$
$L = \{4\}$

g) $2 + 8x = 5 - x \quad | +x$
$2 + 9x = 5 \quad | -2$
$9x = 3 \quad | :9$
$x = \frac{3}{9} = \frac{1}{3}$
$L = \left\{\frac{1}{3}\right\}$

h) $1 - 10x = 6 - 5x \quad | +10x$
$1 = 6 + 5x \quad | -6$
$-5 = 5x \quad | :5$
$x = -1$
$L = \{-1\}$

i) $4 - 5x = 4 + 7x \quad | +5x$
$4 = 4 + 12x \quad | -4$
$0 = 12x \quad | :12$
$x = 0$
$L = \{0\}$

3

a) $\frac{x}{3} + 1 = 5 \quad | -1$
$\frac{x}{3} = 4 \quad | \cdot 3$
$L = \{12\}$

b) $\frac{1}{2}x - 1 = -8 \quad | +1$
$\frac{1}{2}x = -7 \quad | \cdot 2$
$x = -14$
$L = \{-14\}$

c) $6 + \frac{x}{3} = 10 \quad | -6$
$\frac{x}{3} = 4 \quad | \cdot 3$
$x = 12$
$L = \{12\}$

d) $\frac{4}{5}x - 1 = 0 \quad | +1$
$\frac{4}{5}x = 1 \quad | \cdot \frac{5}{4}$
$x = \frac{5}{4}$
$L = \left\{\frac{5}{4}\right\}$

e) $\frac{2}{3}x + 8 = 10 \quad | -8$
$\frac{2}{3}x = 2 \quad | \cdot \frac{3}{2}$
$x = 3$
$L = \{3\}$

f) $\frac{1}{3}x - \frac{1}{2} = \frac{4}{3} \quad | +\frac{1}{2}$
$\frac{1}{3}x = \frac{11}{6} \quad | \cdot 3$
$x = \frac{11}{2}$
$L = \left\{\frac{11}{2}\right\}$

4 a) $\frac{3}{4} + \frac{1}{6}x = \frac{1}{2} + \frac{5}{6}x \quad | -\frac{1}{6}x$
$\frac{3}{4} = \frac{4}{6}x + \frac{1}{2} \quad | -\frac{1}{2}$
$\frac{1}{4} = \frac{4}{6}x \quad | \cdot \frac{6}{4}$
$x = \frac{6}{16} = \frac{3}{8}$
$L = \left\{\frac{3}{8}\right\}$

b) $\frac{1}{3}x - \frac{1}{2} = -\frac{1}{3}x + \frac{1}{6} \quad | +\frac{1}{3}x$
$\frac{2}{3}x - \frac{1}{2} = \frac{1}{6} \quad | +\frac{1}{2}$
$\frac{2}{3}x = \frac{4}{6} \quad | \cdot \frac{3}{2}$
$x = \frac{12}{12} = 1$
$L = \{1\}$

c) $\frac{1}{2} + \frac{1}{3}x = -\frac{1}{2} + x \quad | -\frac{1}{3}$
$\frac{1}{2} = \frac{2}{3}x - \frac{1}{2} \quad | +\frac{1}{2}$
$1 = \frac{2}{3}x \quad | \cdot \frac{3}{2}$
$x = \frac{3}{2}$
$L = \left\{\frac{3}{2}\right\}$

d) $\frac{3}{2}x - 1 = x + \frac{1}{2} \quad | -x$
$\frac{1}{2}x - 1 = \frac{1}{2} \quad | +1$
$\frac{1}{2}x = \frac{3}{2} \quad | \cdot 2$
$x = 3$
$L = \{3\}$

e) $\frac{1}{3}x + \frac{1}{2} = -\frac{2}{5} + \frac{4}{3}x \quad | -\frac{1}{3}x$
$\frac{1}{2} = x - \frac{2}{5} \quad | +\frac{2}{5}$
$\frac{9}{10} = x$
$x = \frac{9}{10}$
$L = \left\{\frac{9}{10}\right\}$

f) $\frac{3}{2} + \frac{1}{6}x = -\frac{1}{6}x + \frac{1}{4} \quad | +\frac{1}{6}x$
$\frac{3}{2} + \frac{2}{6}x = \frac{1}{4} \quad | -\frac{3}{2}$
$\frac{2}{6}x = -\frac{5}{4} \quad | \cdot \frac{6}{2}$
$x = -\frac{30}{8} = -\frac{15}{4}$
$L = \left\{-\frac{15}{4}\right\}$

5 a) $3x + 3 - 2 + 4x = 15 + 5x - 2 - x \quad |$ zusammenfassen
$7x + 1 = 4x + 13 \quad | -4x$
$3x + 1 = 13 \quad | -1$
$3x = 12 \quad | :3$
$x = 4$
$L = \{4\}$

b) $-4x + 3x - 7 + 9 - x = 8 + 9x + 4 - 16x \quad |$ zusammenfassen
$-2x + 2 = -7x + 12 \quad | +7x$
$5x + 2 = 12 \quad | -2$
$5x = 10 \quad | :5$
$x = 2$
$L = \{2\}$

c) $7x - 4 - 9x + 2 = -10 + 4x + 2 \quad |$ zusammenfassen
$-2x - 2 = 4x - 8 \quad | +2x$
$-2 = 6x - 8 \quad | +8$
$6 = 6x \quad | :6$
$x = 1$
$L = \{1\}$

d) $9x + 4 - 2 - 8x = 6x - 2 - 6x + 14 \quad |$ zusammenfassen
$x + 2 = 12 \quad | -2$
$x = 10$
$L = \{10\}$

e) $5 - x + 10 - x = 20 + 2x - 5 - 2x \quad |$ zusammenfassen
$-2x + 15 = 15 \quad | -15$
$-2x = 0 \quad | :(-2)$
$x = 0$
$L = \{0\}$

f) $17x - 21 - 7x - 9 = -2x - 15 + 4x - 7$ | zusammenfassen
$10x - 30 = 2x - 22$ | $-2x$
$8x - 30 = -22$ | $+30$
$8x = 8$ | $:8$
$x = 1$
$L = \{1\}$

6 a) $2(x + 1) = 10$ | ausmultiplizieren
$2x + 2 = 10$ | -2
$2x = 8$ | $:2$
$x = 4$
$L = \{4\}$

b) $3(x + 4) = 27$ | ausmultiplizieren
$3x + 12 = 27$ | -12
$3x = 15$ | $:3$
$x = 5$
$L = \{5\}$

c) $4(x - 2) = 8$ | ausmultiplizieren
$4x - 8 = 8$ | $+8$
$4x = 16$ | $:4$
$x = 4$
$L = \{4\}$

d) $2(3x - 1) = 10$ | ausmultiplizieren
$6x - 2 = 10$ | $+2$
$6x = 12$ | $:6$
$x = 2$
$L = \{2\}$

e) $18 = 2(2x + 3)$ | ausmultiplizieren
$18 = 4x + 6$ | -6
$12 = 4x$ | $:4$
$x = 3$
$L = \{3\}$

f) $5(1 + 2x) = 10$ | ausmultiplizieren
$5 + 10x = 10$ | -5
$10x = 5$ | $:10$
$x = \frac{1}{2}$
$L = \left\{\frac{1}{2}\right\}$

7 a) $9 - (x + 6) = 2$ | Minusklammer auflösen
$9 - x - 6 = 2$ | zusammenfassen
$-x + 3 = 2$ | $+x$
$3 = x + 2$ | -2
$x = 1$
$L = \{1\}$

b) $4x - (2x + 9) = 3$ | Minusklammer auflösen
$4x - 2x - 9 = 3$
$2x - 9 = 3$ | $+9$
$2x = 12$ | $:2$
$x = 6$
$L = \{6\}$

c) $3x + 11 - (15 - 5x) = 5 - x$ | Minusklammer auflösen
$3x + 11 - 15 + 5x = 5 - x$ | zusammenfassen
$8x - 4 = 5 - x$ | $+x$
$9x - 4 = 5$ | $+4$
$9x = 9$ | $:9$
$x = 1$
$L = \{1\}$

d) $6x - 2(3x - 1) = 4x$ | Minusklammer auflösen
$6x - 6x + 2 = 4x$ | zusammenfassen
$2 = 4x$ | $:4$
$x = \frac{1}{2}$
$L = \left\{\frac{1}{2}\right\}$

e) $3(1 - x) - (3 + x) = 0$ | Klammern auflösen
$3 - 3x - 3 - x = 0$ | zusammenfassen
$-4x = 0$ | $:(-4)$
$x = 0$
$L = \{0\}$

f) $9 - 3(2x + 1) = -6$ | Minusklammer auflösen
$9 - 6x - 3 = -6$ | zusammenfassen
$6 - 6x = -6$ | $+6x$
$6 = 6x - 6$ | $+6$
$12 = 6x$ | $:6$
$x = 2$
$L = \{2\}$

8 a)
$$\begin{aligned} 3(x+4) &= 2(x+5) &&\mid \text{ausmultiplizieren}\\ 3x+12 &= 2x+10 &&\mid -2x\\ x+12 &= 10 &&\mid -12\\ x &= -2\\ L &= \{-2\} \end{aligned}$$

b)
$$\begin{aligned} 7(x+2) &= 4(x+5) &&\mid \text{ausmultiplizieren}\\ 7x+14 &= 4x+20 &&\mid -4x\\ 3x+14 &= 20 &&\mid -14\\ 3x &= 6 &&\mid :3\\ x &= 2\\ L &= \{2\} \end{aligned}$$

c)
$$\begin{aligned} 4(1{,}5-3x) &= 9(3+x) &&\mid \text{ausmultiplizieren}\\ 6-12x &= 27+9x &&\mid +12x\\ 6 &= 27+21x &&\mid -27\\ -21 &= 21x &&\mid :21\\ x &= -1\\ L &= \{-1\} \end{aligned}$$

d)
$$\begin{aligned} 7(2x+1) &= 2(5+4x) &&\mid \text{ausmultiplizieren}\\ 14x+7 &= 10+8x &&\mid -8x\\ 6x+7 &= 10 &&\mid -7\\ 6x &= 3 &&\mid :6\\ x &= \frac{1}{2}\\ L &= \left\{\frac{1}{2}\right\} \end{aligned}$$

e)
$$\begin{aligned} 4(x+1)+2(1-x) &= x &&\mid \text{ausmultiplizieren}\\ 4x+4+2-2x &= x &&\mid \text{zusammenfassen}\\ 2x+6 &= x &&\mid -x\\ x+6 &= 0 &&\mid -6\\ x &= -6\\ L &= \{-6\} \end{aligned}$$

f)
$$\begin{aligned} 3x+2(2x+1) &= 4(3+x)-1 &&\mid \text{ausmultiplizieren}\\ 3x+4x+2 &= 12+4x-1 &&\mid \text{zusammenfassen}\\ 7x+2 &= 11+4x &&\mid -4x\\ 3x+2 &= 11 &&\mid -2\\ 3x &= 9 &&\mid :3\\ x &= 3\\ L &= \{3\} \end{aligned}$$

9 a)
$$\begin{aligned} x^2-(x+3)(x-2) &= 7 &&\mid \text{ausmultiplizieren}\\ x^2-(x^2+x-6) &= 7 &&\mid \text{Minusklammer}\\ x^2-x^2-x+6 &= 7 &&\mid \text{zusammenfassen}\\ -x+6 &= 7 &&\mid +x\\ 6 &= x+7 &&\mid -7\\ x &= -1\\ L &= \{-1\} \end{aligned}$$

b)
$$\begin{aligned} (x+5)(x-2) &= x^2-1 &&\mid \text{ausmultiplizieren}\\ x^2+3x-10 &= x^2-1 &&\mid -x^2\\ 3x-10 &= -1 &&\mid +10\\ 3x &= 9 &&\mid :3\\ x &= 3\\ L &= \{3\} \end{aligned}$$

c)
$$\begin{aligned} (2x-1)(x+2) &= 2x^2+10 &&\mid \text{ausmultiplizieren}\\ 2x^2+3x-2 &= 2x^2+10 &&\mid -2x^2\\ 3x-2 &= 10 &&\mid +2\\ 3x &= 12 &&\mid :3\\ x &= 4\\ L &= \{4\} \end{aligned}$$

d)
$$\begin{aligned} (x+1)^2 &= (x+1)(x-1) &&\mid \text{ausmultiplizieren}\\ x^2+2x+1 &= x^2-1 &&\mid -x^2\\ 2x+1 &= -1 &&\mid -1\\ 2x &= -2 &&\mid :2\\ x &= -1\\ L &= \{-1\} \end{aligned}$$

e)
$$\begin{aligned} (x-1)^2 &= (x-3)(x+3) &&\mid \text{ausmultiplizieren}\\ x^2-2x+1 &= x^2-9 &&\mid -x^2\\ -2x+1 &= -9 &&\mid +2x\\ 1 &= 2x-9 &&\mid +9\\ 10 &= 2x &&\mid :2\\ x &= 5\\ L &= \{5\} \end{aligned}$$

f)
$$\begin{aligned} (x+3)(x+7) &= (x+2)(x+9) &&\mid \text{ausmultiplizieren}\\ x^2+10x+21 &= x^2+11x+18 &&\mid -x^2\\ 10x+21 &= 11x+18 &&\mid -10x\\ 21 &= x+18 &&\mid -18\\ x &= 3\\ L &= \{3\} \end{aligned}$$

10 a) $y = x - 3$

b) $y = 2x - 1$

c) $y = 3x - 0{,}5$

d) $y = \frac{1}{2}x + 2$

e) $y = \frac{4}{3}x - 2$

f) $y = 1{,}5x - 3$

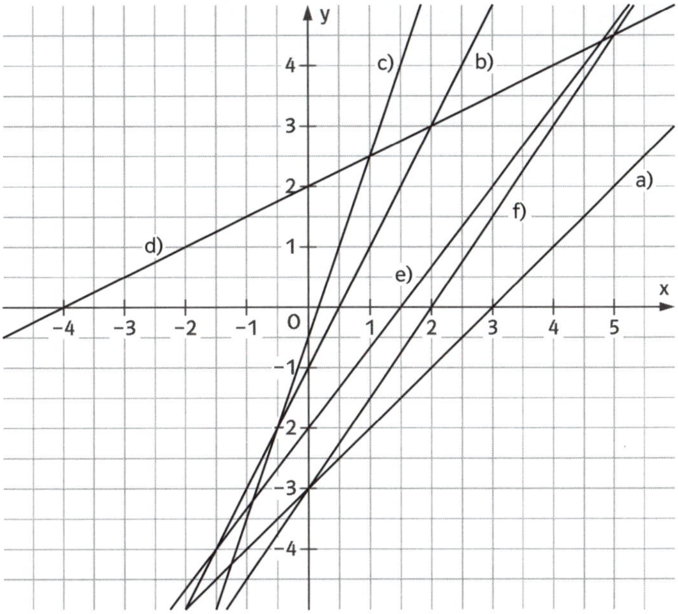

11

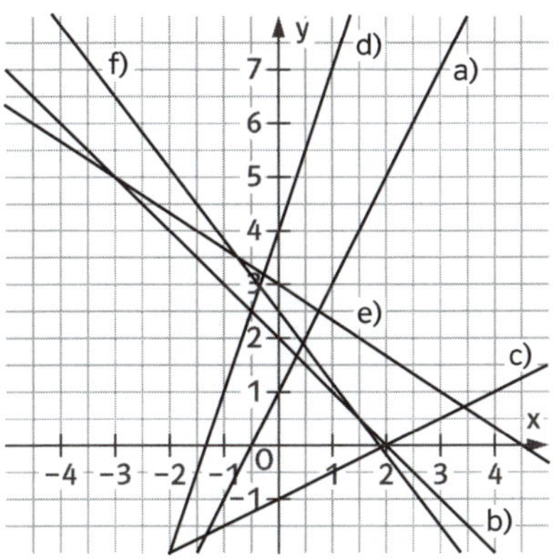

12

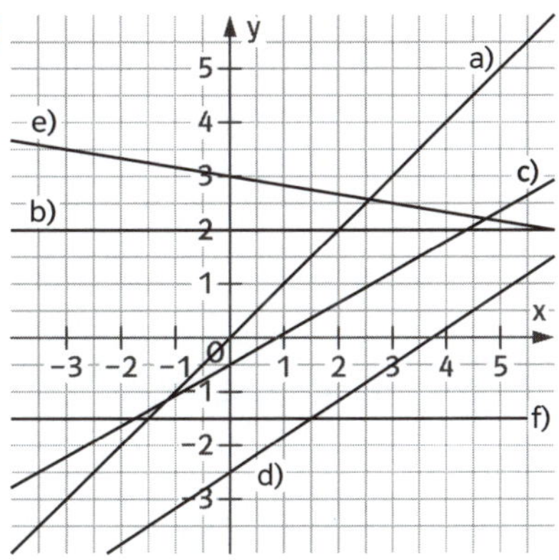

13 a) $S(-1|0)$
$x_0 = -1$

b) $S(1|0)$
$x_0 = 1$

c) $S(3|0)$
$x_0 = 3$

d) $S(3|0)$
$x_0 = 3$

14

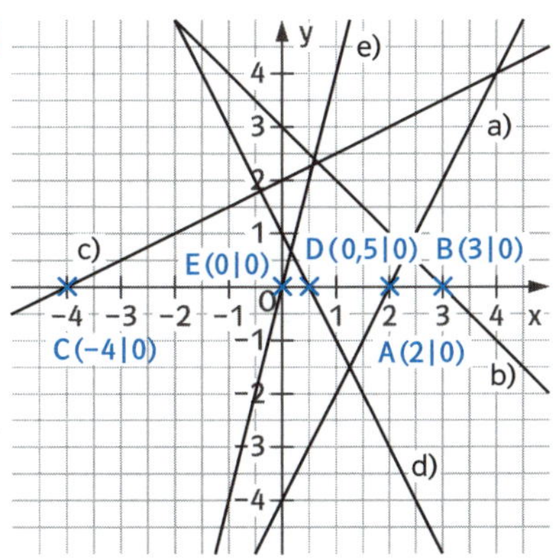

15 a) $3x - 3 = 0 \quad | +3$
$3x = 3 \quad | :3$
$x = 1$
also $x_0 = 1$

b) $-2x - 4 = 0 \quad | +4$
$-2x = 4 \quad | :(-2)$
$x = -2$
also $x_0 = -2$

c) $x - \frac{1}{2} = 0 \quad | +\frac{1}{2}$
$x = \frac{1}{2}$
also $x_0 = \frac{1}{2}$

d) $4x + 12 = 0 \quad | -12$
$4x = -12 \quad | :4$
$x = -3$
also $x_0 = -3$

e) $\frac{1}{2}x + 5 = 0 \quad | -5$
$\frac{1}{2}x = -5 \quad | :\frac{1}{2}$
$x = -10$
also $x_0 = -10$

$:\frac{1}{2}$ ist das Gleiche wie $\cdot 2$

f) $2x - 1 = 0 \quad | +1$
$2x = 1 \quad | :2$
$x = \frac{1}{2}$
also $x_0 = \frac{1}{2}$

16 a) $\frac{1}{4}x + 2 = 0 \quad | -2$
$\frac{1}{4}x = -2 \quad | \cdot 4$
$x = -8$
also $x_0 = -8$

b) $-\frac{3}{2}x + 6 = 0 \quad | -6$
$-\frac{3}{2}x = -6 \quad | \cdot\left(-\frac{2}{3}\right)$
$x = 4$
also $x_0 = 4$

c) $-\frac{2}{5}x - 1 = 0 \quad | +1$
$-\frac{2}{5}x = 1 \quad | \cdot\left(-\frac{5}{2}\right)$
$x = -\frac{5}{2}$
also $x_0 = -\frac{5}{2}$

d) $-0{,}2x + 1 = 0 \quad | -1$
$-0{,}2x = -1 \quad | :(-0{,}2)$
$x = 5$
also $x_0 = 5$

$0{,}2 = \frac{1}{5}$

e) $\frac{2}{3}x - 5 = 0 \quad | +5$
$\frac{2}{3}x = 5 \quad | \cdot\frac{3}{2}$
$x = \frac{15}{2} = 7{,}5$
also $x_0 = 7{,}5$

f) $-1{,}2x - 6 = 0 \quad | +6$
$-1{,}2x = 6 \quad | :(-1{,}2)$
$x = -5$
also $x_0 = -5$

17 a) $x_0 = -\frac{4}{3}$ b) $x_0 = \frac{1}{10}$ c) $x_0 = \frac{3}{4}$
d) $x_0 = -\frac{3}{2}$ e) $x_0 = \frac{1}{4}$ f) keine Lösung

18 Überprüfe deine Lösung selbst, z.B.:
a) $f(x) = x - 2$; $f(x) = 2x - 4$; $f(x) = -x + 2$
b) $f(x) = x + 4$; $f(x) = -x - 4$; $f(x) = 2x + 8$
c) $f(x) = -x + 3$; $f(x) = -2x + 6$; $f(x) = -3x + 9$

19 a) A(−4 | 0)
B(−6 | −0,5)
C(4 | 2)
b) A(2 | −2)
B(0 | 1)
C(−1 | 2,5)

20 a) P(4 | 4)
b) P(−1 | 4)
c) P(4 | 4)
d) P(−1,5 | 4)
e) P(1 | 4)

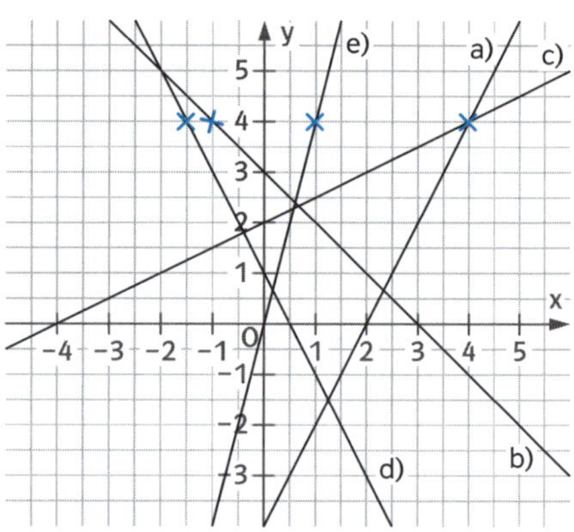

21 a) $x = 1$
b) $x = 2$
c) $x = -1{,}5$
d) $x = -3$
e) $x = -4{,}5$
f) $x = 2$

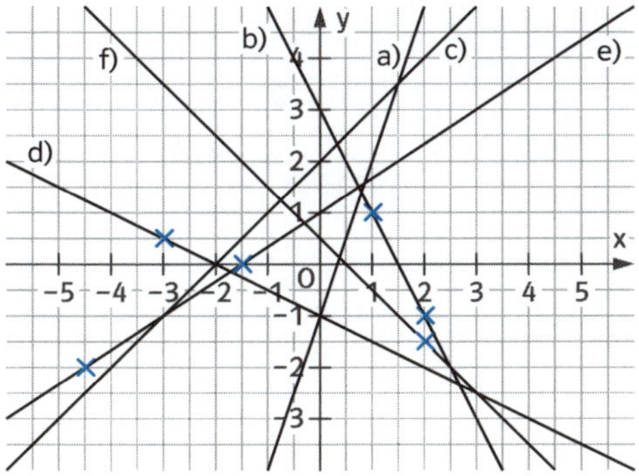

22 a) $x = 3$

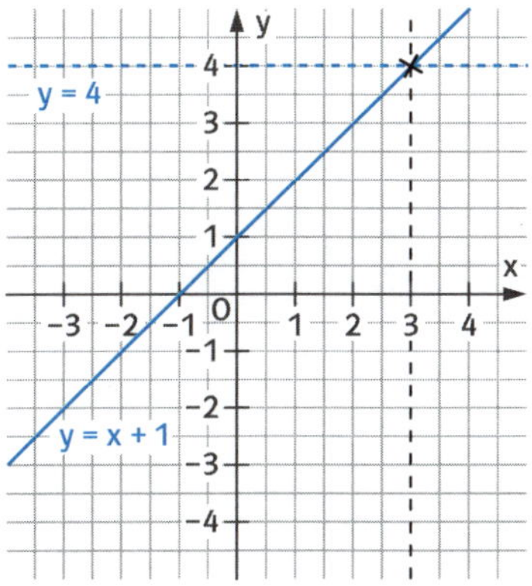

b) $x = 2$

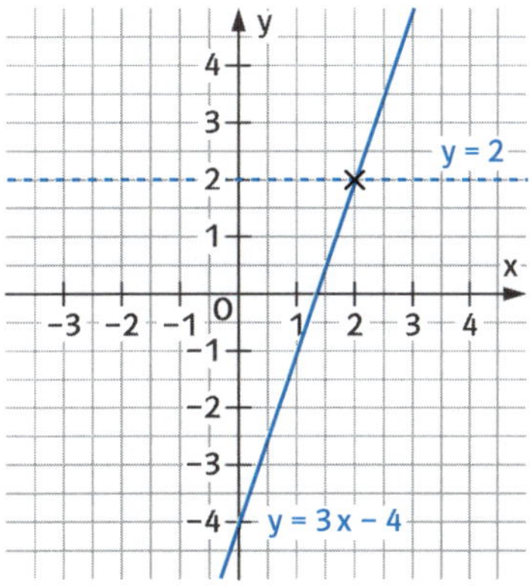

c) $x = 3$

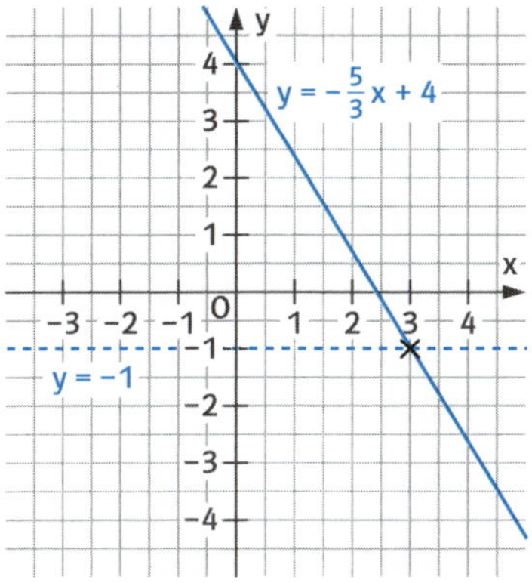

d) $x = 2$

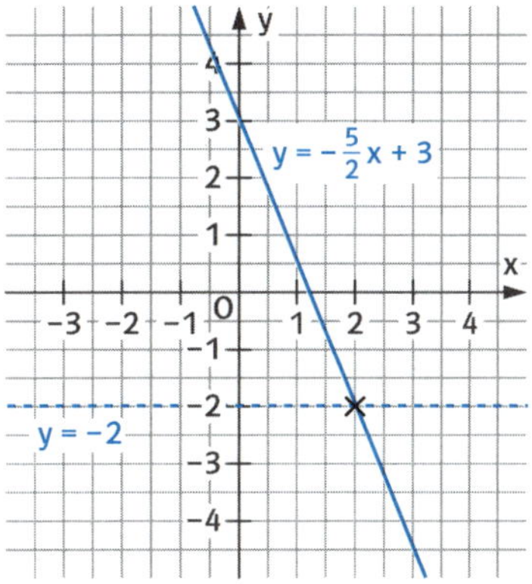

e) $x = 6$

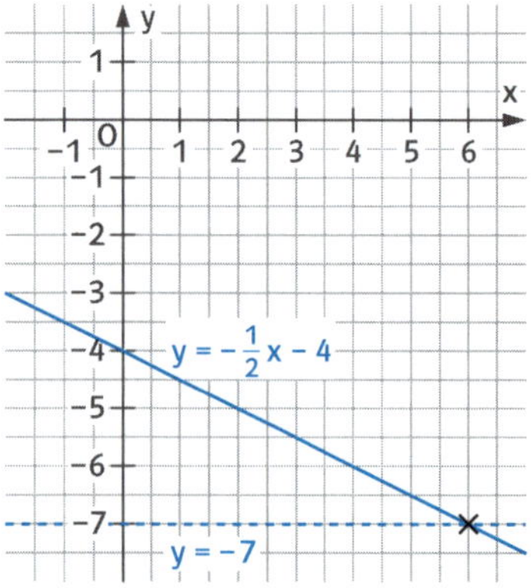

f) $x = 1$

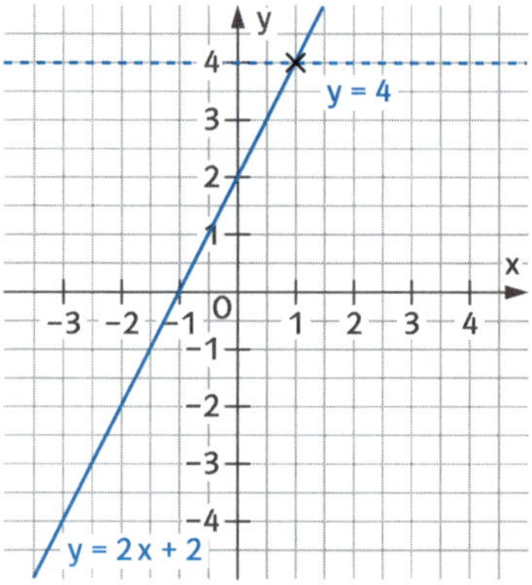

23 a) $2x - 1 = 2$
$x = 1{,}5$

b) $-x + 1 = -1$
$x = 2$

24 a)
$$\begin{aligned} 2x + 3 &= 7 \quad &|-3 \\ 2x &= 4 \quad &|:2 \\ x &= 2 \end{aligned}$$

b)
$$\begin{aligned} -3x + 2 &= 8 \quad &|-2 \\ -3x &= 6 \quad &|:(-3) \\ x &= -2 \end{aligned}$$

c)
$$\begin{aligned} -x + 3 &= 2 \quad &|-3 \\ -x &= -1 \\ x &= 1 \end{aligned}$$

d)
$$\begin{aligned} -4x - 6 &= 14 \quad &|+6 \\ -4x &= 20 \quad &|:(-4) \\ x &= -5 \end{aligned}$$

25 a)
$$\begin{aligned} -\tfrac{2}{3}x + 1 &= -3 \quad &|-1 \\ -\tfrac{2}{3}x &= -4 \quad &|\cdot\left(-\tfrac{3}{2}\right) \\ x &= 6 \end{aligned}$$

b)
$$\begin{aligned} -\tfrac{1}{2}x - 5 &= -6{,}5 \quad &|+5 \\ -\tfrac{1}{2}x &= -1{,}5 \quad &|\cdot(-2) \\ x &= 3 \end{aligned}$$

c)
$$\begin{aligned} -\tfrac{2}{3}x - \tfrac{1}{6} &= -\tfrac{1}{2} \quad &|+\tfrac{1}{6} \\ -\tfrac{2}{3}x &= -\tfrac{1}{3} \quad &|\cdot\left(-\tfrac{3}{2}\right) \\ x &= \tfrac{1}{2} \end{aligned}$$

d)
$$\begin{aligned} -\tfrac{1}{3}x - 2{,}5 &= 0{,}5 \quad &|+2{,}5 \\ -\tfrac{1}{3}x &= 3 \quad &|\cdot(-3) \\ x &= -9 \end{aligned}$$

26 a) $x = -5$

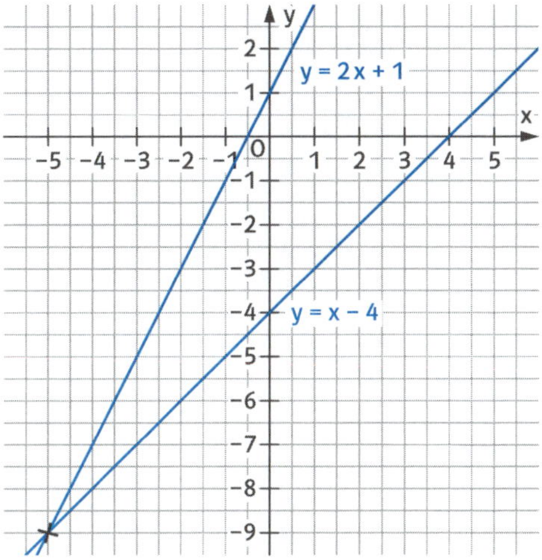

b) $x = 1$

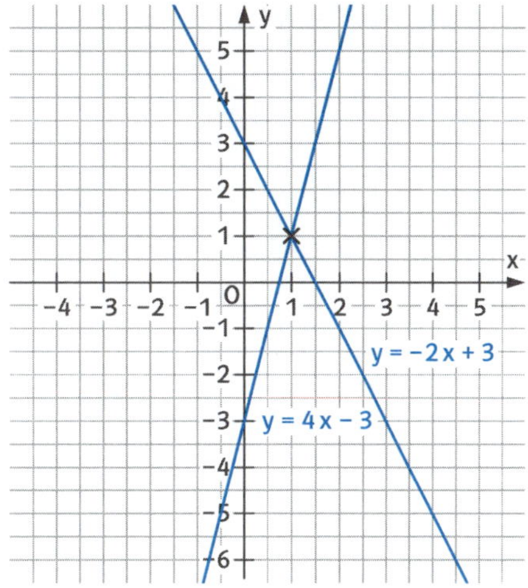

c) $x = 4$

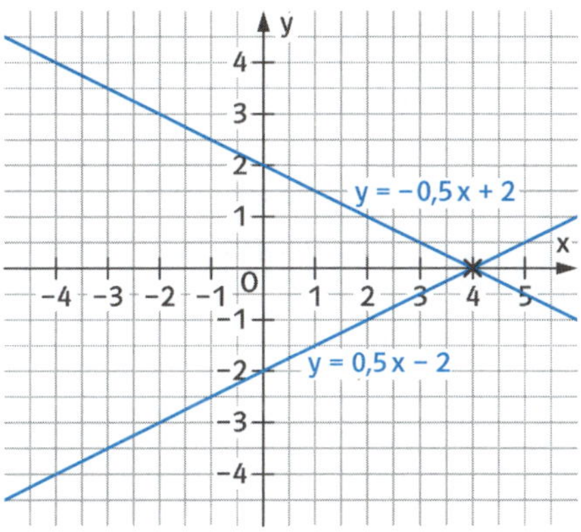

d) $x = 2$

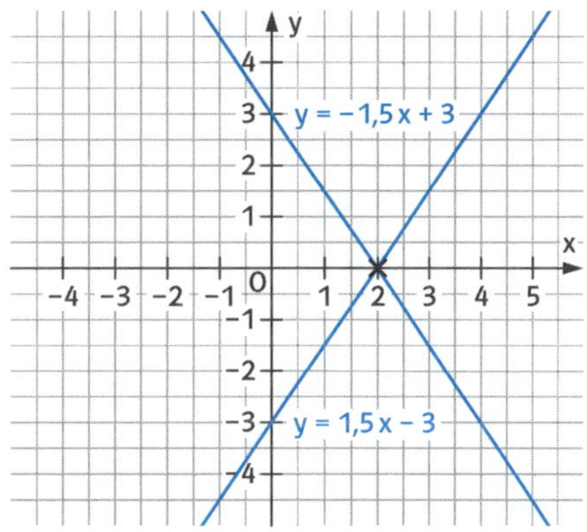

27 a) $x = -1$

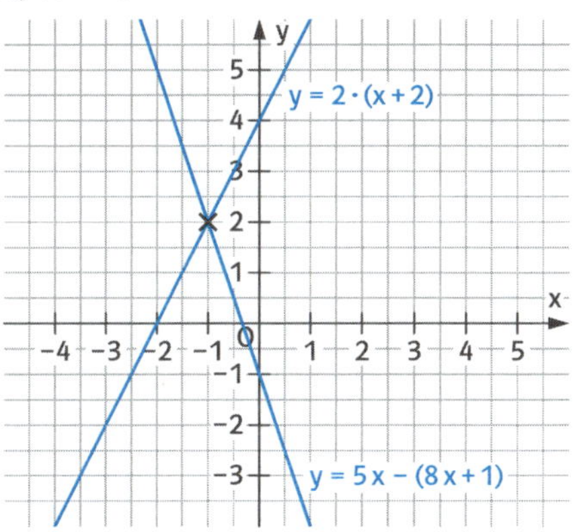

b) $x = 2$

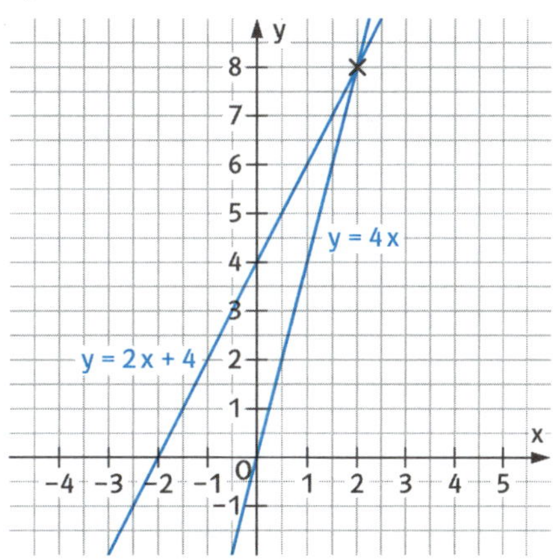

c) $x = 1$

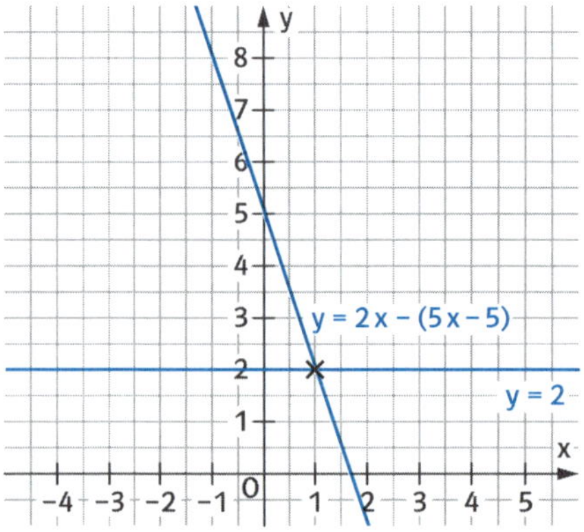

d) $x = 1$

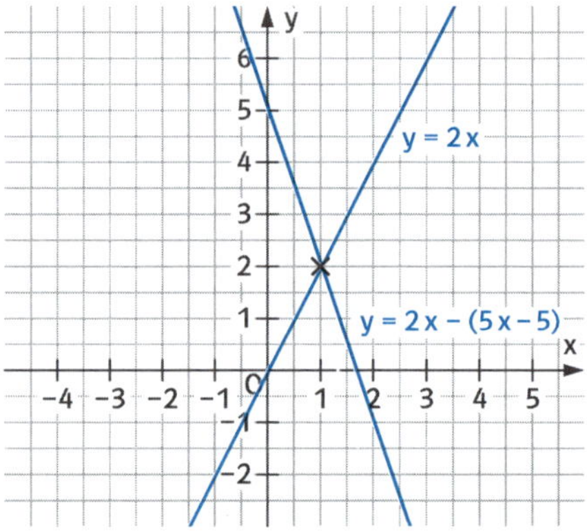

28 a) $D = \mathbb{Q} \setminus \{0\}$

b) $D = \mathbb{Q} \setminus \{-1\}$

c) $D = \mathbb{Q} \setminus \{1; 3\}$

d) $D = \mathbb{Q} \setminus \left\{-\frac{1}{2}\right\}$

e) $D = \mathbb{Q} \setminus \{-2; 0\}$

f) $D = \mathbb{Q} \setminus \{-1\}$

Setze immer den Nenner gleich null.

29 a) $x + 1$ muss im Nenner stehen, z. B. $\frac{1}{x+1}$

b) $x - 2$ muss im Nenner stehen, z. B. $\frac{1}{x-2}$

c) $x + 2$ und $x - 2$ müssen im Nenner stehen, z. B. $\frac{1}{(x+2)(x-2)}$

d) x und $x - 3$ müssen im Nenner stehen, z. B. $\frac{1}{x(x-3)}$

Überprüfe deine Lösungen, indem du den Nenner jeweils gleich null setzt.

30 a) $2 = 2x$
$1 = x$
$L = \{1\}$

b) $9 = 3x$
$3 = x$
$L = \{3\}$

c) $5 = 10x$
$\frac{1}{2} = x$
$L = \left\{\frac{1}{2}\right\}$

d) $9 = 3 \cdot 2x$
$9 = 6x$
$\frac{3}{2} = x$
$L = \left\{\frac{3}{2}\right\}$

e) $\frac{2}{x} = 4$
$2 = 4x$
$\frac{1}{2} = x$
$L = \left\{\frac{1}{2}\right\}$

f) $10 = 5 \cdot 3x$
$10 = 15x$
$\frac{2}{3} = x$
$L = \left\{\frac{2}{3}\right\}$

31 a) $L = \{2\}$ b) $L = \{10\}$ c) $L = \left\{-\frac{1}{2}\right\}$

32 a) $D = \mathbb{Q} \setminus \{1\}$
$2 = 2(x-1)$
$2 = 2x - 2$
$4 = 2x$
$2 = x$
$L = \{2\}$

b) $D = \mathbb{Q} \setminus \{7\}$
$3 = 2(x-7)$
$3 = 2x - 14$
$17 = 2x$
$\frac{17}{2} = x$
$L = \left\{\frac{17}{2}\right\}$

c) $D = \mathbb{Q} \setminus \{-2\}$
$4 = x + 2$
$2 = x$
$L = \{2\}$

d) $D = \mathbb{Q} \setminus \{3\}$
$x = 2(x-3)$
$x = 2x - 6$
$-x = -6$
$x = 6$
$L = \{6\}$

e) $D = \mathbb{Q} \setminus \{-3\}$
$2x = 4(x+3)$
$2x = 4x + 12$
$-2x = 12$
$x = -6$
$L = \{-6\}$

f) $D = \mathbb{Q} \setminus \left\{-\frac{1}{2}\right\}$
$-x = 2(2x+1)$
$-x = 4x + 2$
$-5x = 2$
$x = -\frac{2}{5}$
$L = \left\{-\frac{2}{5}\right\}$

33 a) $D = \mathbb{Q} \setminus \{1\}$
$\frac{x}{x-1} = -1$
$x = -(x-1)$
$x = -x + 1$
$2x = 1$
$x = \frac{1}{2}$
$L = \left\{\frac{1}{2}\right\}$

b) $D = \mathbb{Q} \setminus \{-1\}$
$\frac{2-x}{x+1} = 1$
$2 - x = x + 1$
$1 = 2x$
$\frac{1}{2} = x$
$L = \left\{\frac{1}{2}\right\}$

c) $D = \mathbb{Q} \setminus \{1\}$
$4 + x = 3(2x-2)$
$4 + x = 6x - 6$
$10 = 5x$
$2 = x$
$L = \{2\}$

34 a) $x < 3$

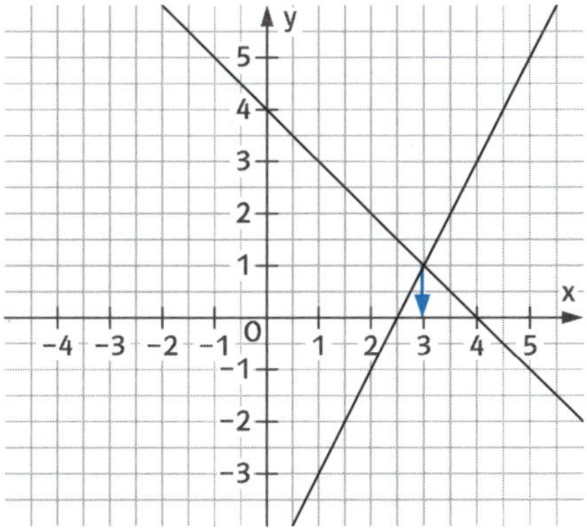

b) $x \geqq 1$

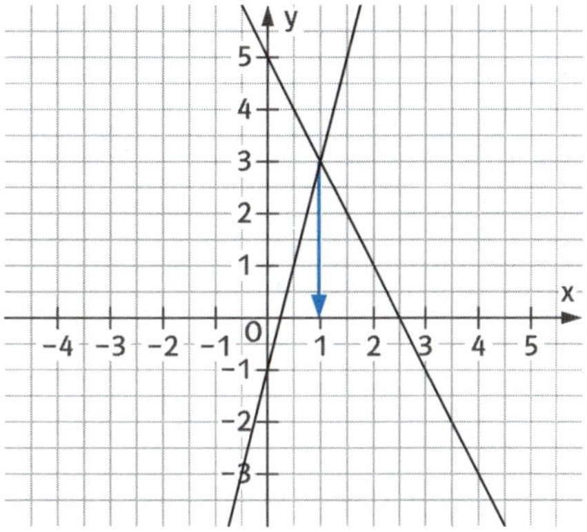

c) $x \leqq 0{,}5$

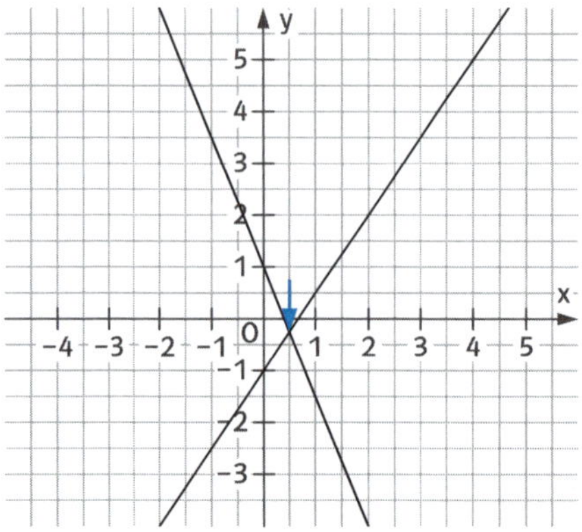

d) $x < 4$

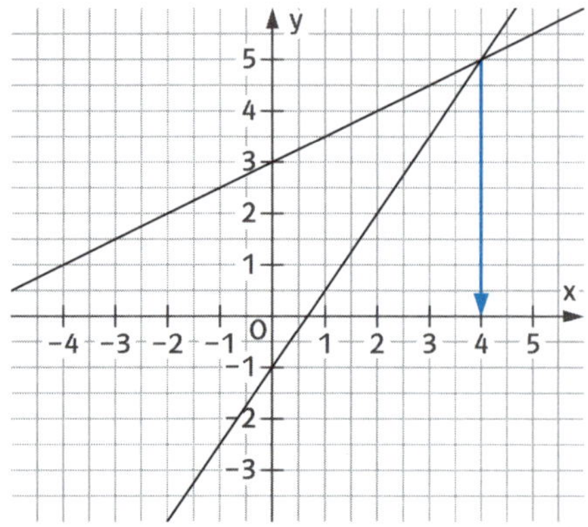

e) $x \leqq -1$

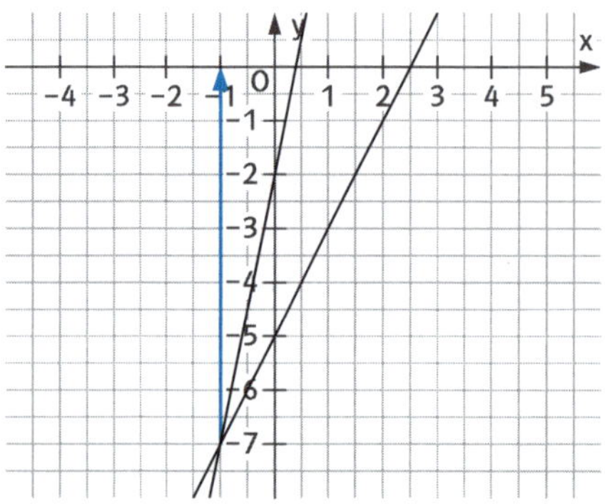

f) $x > -1{,}5$

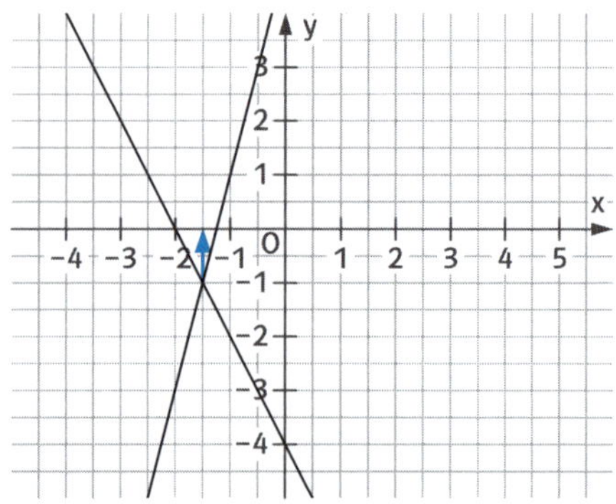

35 a) $2x - 5 = -x + 4$
$3x = 9$
$x = 3$
$x = 0$: $-5 < 4$ ✗
$x = 4$: $3 < 8$ ✓
$L = \{x \mid x < 3\}$

b) $4x - 1 = -2x + 5$
$6x = 6$
$x = 1$
$x = 0$: $-1 \geqq 5$ ✗
$x = 2$: $7 \geqq 1$ ✓
$L = \{x \mid x \geqq 1\}$

c) $1{,}5x - 1 = -2{,}5x + 1$
$4x = 2$
$x = \frac{1}{2}$
$x = 0$: $-1 \leqq 1$ ✗
$x = 1$: $0{,}5 \leqq -1{,}5$ ✓
$L = \{x \mid x \leqq 0{,}5\}$

d) $x - 0{,}5x + 3 = \frac{3}{2}x - 1$
$4 = x$
$x = 0$: $3 > -1$ ✓
$x = 5$: $5{,}5 > 6{,}5$ ✗
$L = \{x \mid x < 4\}$

e) $2x - 5 = 5x - 2$
$-3 = 3x$
$x = -1$
$x = 0$: $-5 \geqq -2$ ✗
$x = -2$: $-9 \geqq -12$ ✓
$L = \{x \mid x \leqq -1\}$

f) $-2x - 4 = 4x + 5$
$9 = 6x$
$x = -\frac{3}{2}$
$x = 0$: $-4 < 5$ ✓
$x = -2$: $0 < -3$ ✗
$L = \{x \mid x > -1{,}5\}$

3 Quadratische Gleichungen

1

Gleichung	nicht quadratisch	rein-quadratisch	gemischt-quadratisch	Begründung: Es kommen vor
$3x^2 = 4x$	☐	☐	☒	x^2, x
$x^2 = 64$	☐	☒	☐	nur x^2
$10 = 1 - 3x + x^2$	☐	☐	☒	x^2, x, Zahlen
$4x = 6$	☒	☐	☐	nur x
$(x-3)^2 = 5$	☐	☐	☒	x^2, x, Zahlen
$x^2 = 2 - x^3$	☒	☐	☐	x^3

2

	Zahl unter der Wurzel	keine Lösung	eine Lösung	zwei Lösungen
$x^2 + 2 = 0$	−2	☒	☐	☐
$3x^2 = 48$	16	☐	☐	☒
$-5x^2 + 5 = 0$	1	☐	☐	☒
$2x^2 = 0$	0	☐	☒	☐
$-2x^2 = -8$	4	☐	☐	☒

3

a) $x = 0$
$L = \{0\}$

b) $x^2 = \frac{1}{4}$
$x_1 = -\frac{1}{2};\ x_2 = \frac{1}{2}$
$L = \left\{-\frac{1}{2}; \frac{1}{2}\right\}$

c) $x^2 = -2$
$L = \{\ \}$

d) $x^2 = 36$
$L = \{-6; 6\}$

e) $\frac{1}{5}x^2 = 5$
$x^2 = 25$
$L = \{-5; 5\}$

f) $x^2 = \frac{16}{9}$
$L = \left\{-\frac{4}{3}; \frac{4}{3}\right\}$

g) $3x^2 = 6$
$x^2 = 2$
$L = \{-\sqrt{2}; \sqrt{2}\}$

h) $2x^2 = 32$
$x^2 = 16$
$L = \{-4; 4\}$

4 Eine zweite richtige Lösung erhältst du, wenn du bei jedem Summanden das Vorzeichen umdrehst.

a) $x^2 - 3x - 9 = 0$ oder $-x^2 + 3x + 9 = 0$

b) $3x^2 - 4x = 0$

c) $4x^2 + 4x - 2 = 0$

d) $-x^2 + x - 5 = 0$

5

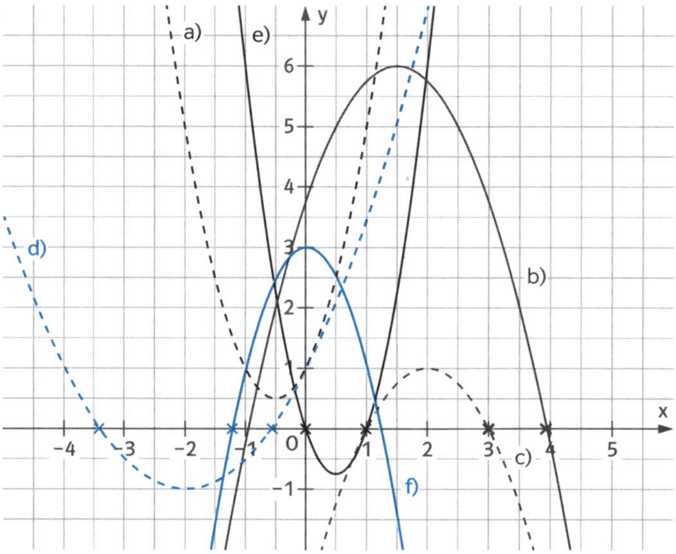

6 a) $a = 1 > 0$ und $c = -1 < 0$, also 2 Lösungen -1; 1
b) $a = -1 < 0$ und $c = 4 > 0$, also 2 Lösungen -2; 2
c) $a = \frac{1}{4} > 0$ und $c = -1 < 0$, also 2 Lösungen -2; 2
d) $a = -\frac{1}{2} < 0$ und $c = 4{,}5 > 0$, also 2 Lösungen -3; 3
e) $a = 2 > 0$ und $c = 2 > 0$, also keine Lösung
f) $a = 2 > 0$ und $c = 0$, also 1 Lösung 0

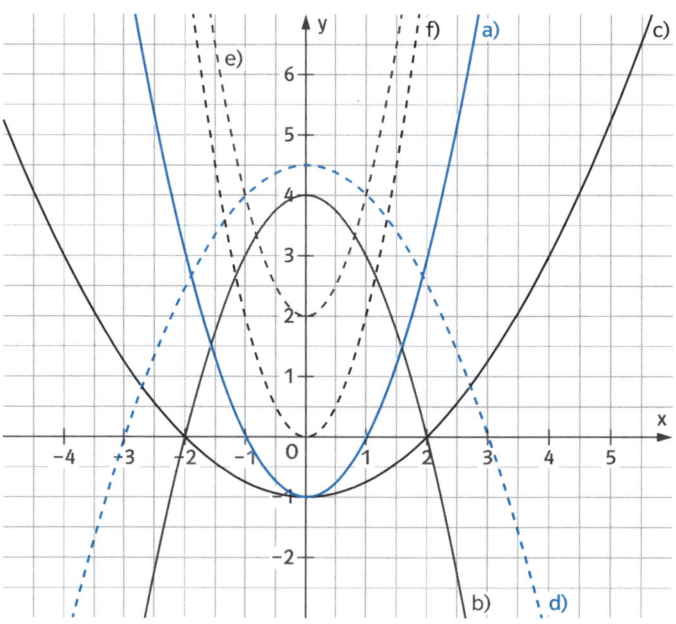

7

Gleichung	Diskriminante	keine Lösung	eine Lösung	zwei Lösungen
$x^2 - 2x + 1 = 0$	$\left(-\frac{2}{2}\right)^2 - 1 = 0$	☐	☒	☐
$x^2 - x + 1 = 0$	$\left(-\frac{1}{2}\right)^2 - 1 = -\frac{3}{4}$	☒	☐	☐
$x^2 + 10x + 9 = 0$	$5^2 - 9 = 16$	☐	☐	☒
$x^2 - \frac{1}{2}x - \frac{1}{2} = 0$	$\left(-\frac{1}{2}\right)^2 - 4\cdot\left(-\frac{1}{2}\right) = 2\frac{1}{4}$	☐	☐	☒

8

Gleichung	Diskriminante	keine Lösung	eine Lösung	zwei Lösungen
$3x^2 - 3x + 1 = 0$	$9 - 4\cdot3\cdot1 = -3$	☒	☐	☐
$2x^2 - 6x + 4 = 0$	$36 - 4\cdot2\cdot4 = 4$	☐	☐	☒
$-3x^2 - 18x - 27 = 0$	$324 - 4\cdot(-3)\cdot(-27) = 0$	☐	☒	☐
$-\frac{1}{2}x^2 + x + 4 = 0$	$1 - 4\cdot\left(-\frac{1}{2}\right)\cdot4 = 9$	☐	☐	☒

9 Berechne mithilfe der Lösungsformel. Beispiel:

a) $x_{1,2} = \dfrac{-1 \pm \sqrt{1 - 4\cdot\left(-\frac{1}{2}\right)\cdot 4}}{2\cdot\left(-\frac{1}{2}\right)} = \dfrac{-1 \pm 3}{-1}$, also $x_1 = -2$, $x_2 = 4$; $L = \{-2; 4\}$

b) 1; 2; $L = \{1; 2\}$ c) 1; $L = \{1\}$ d) keine Lösung; $L = \{\ \}$ e) −8; 2; $L = \{-8; 2\}$
f) keine Lösung; $L = \{\ \}$ g) −9; −1; $L = \{-9; -1\}$ h) keine Lösung; $L = \{\ \}$

10 Berechne durch Ausklammern und mithilfe des Satzes vom Nullprodukt. Beispiel:

a) $6x^2 + 9x = x\cdot(6x + 9) = 0$
$x = 0$ oder $6x + 9 = 0$
$x = 0$ oder $x = -\frac{9}{6} = -\frac{3}{2}$
Lösungen: $-\frac{3}{2}$; 0

b) 0; 3 c) 0; 2 d) −1; 0 e) 0
f) −2; 0 g) 0; 5 h) 0; $\frac{1}{9}$

11 a) $L = \{-1; 3\}$ b) $L = \{-5; -1\}$ c) $L = \{1; 5\}$ d) $L = \{\ \}$
e) $L = \{2\}$ f) $L = \{0; 3\}$

12

		−2	−1	0	1	2
a) $3x^2 = \square$;	keine Lösung	☒	☒	☐	☐	☐
b) $x^2 - 1 = \square$;	zwei Lösungen	☐	☐	☒	☒	☒
c) $x^2 - 2x + \square = 0$;	genau eine Lösung	☐	☐	☐	☒	☐
d) $x^2 - 2\square x + 4 = 0$;	genau eine Lösung	☒	☐	☐	☐	☒

13 a)

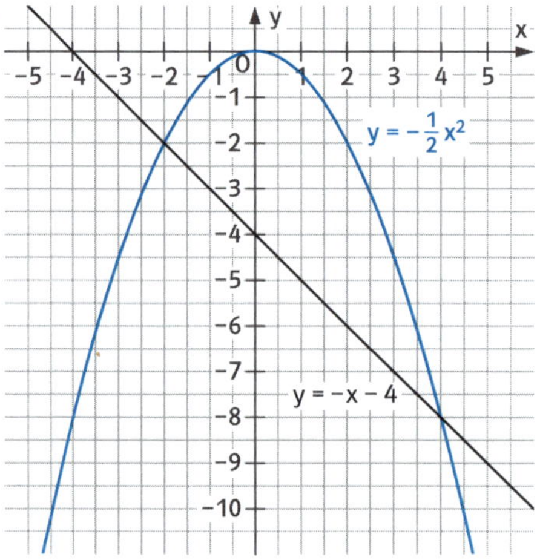

$L = \{x \mid -2 < x < 4\}$

b)

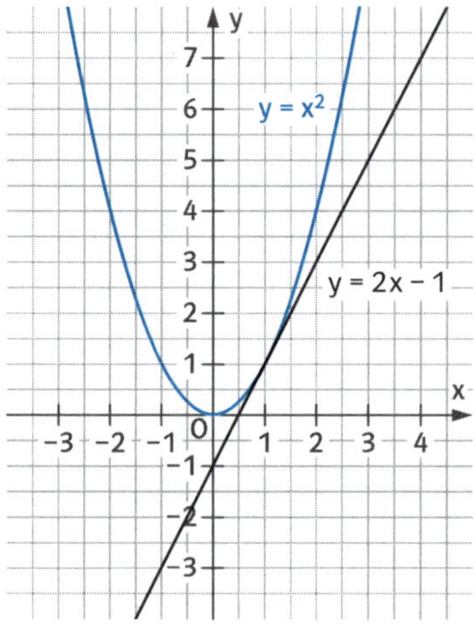

$3x^2 \leqq 6x - 3$
$L = \{1\}$

c)

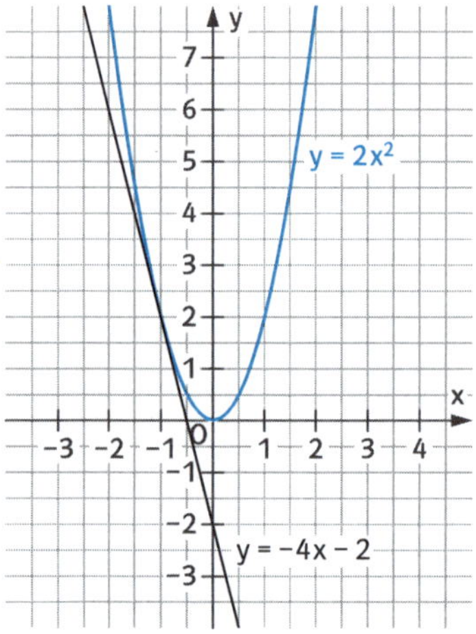

$L = \{-1\}$

14 a)
$-\frac{1}{2}x^2 + x = -4$
$-\frac{1}{2}x^2 + x + 4 = 0$
$x_{1,2} = \frac{-1 \pm \sqrt{1+8}}{-1} = \frac{-1 \pm 3}{-1}$
$x_1 = 4;\ x_2 = -2$
$x = 0$: $0 > -4$ ✓
$x = -3$: $-\frac{9}{2} - 3 > -4$ ✗
$x = 5$: $-\frac{25}{2} + 5 > -4$ ✗
$L = \{x \mid -2 < x < 4\}$

b)
$3x^2 = 6x - 3$
$3x^2 - 6x + 3 = 0$
$x_{1,2} = \frac{6 \pm \sqrt{36-36}}{6} = \frac{6 \pm 0}{6} = 1$
$L = \{1\}$

c)
$2x^2 + 4x + 3 = 3$
$2x^2 + 4x + 2 = 0$
$x_{1,2} = \frac{-4 \pm \sqrt{16-16}}{4} = -1$
$L = \{-1\}$